生命科学辅导丛书之名师点拨系列

基因工程

主　编　张应玖
副主编　张金祥　王嘉鹏

科学出版社
北京

内 容 简 介

本书是国家级规划教材《基因工程》的辅导书，也是普通高等教育中基因工程课程学习的参考书。全书共分 8 章，包括绪论，DNA 重组，基因克隆载体，目的基因的制备，目的基因导入受体细胞，外源基因的表达，基因工程应用，基因工程的争论和安全措施。每章包括重点提示、核心概念、知识要点、试题精选和参考答案 5 个部分。本书最后附有 5 套模拟试题并配以参考答案，方便读者自测有关基因工程的学习效果。

本书可作为生命科学相关专业本科生、研究生和相关人员的学习参考书以及教师的教学辅导书，也可作为硕士研究生入学考试的参考用书。

图书在版编目（CIP）数据

基因工程/张应玖主编. —北京：科学出版社，2011. 6
(生命科学辅导丛书. 名师点拨系列)
ISBN 978-7-03-031217-4

Ⅰ. ①基… Ⅱ. ①张… Ⅲ. ①基因工程-高等学校-教学参考资料 Ⅳ. ①Q78

中国版本图书馆 CIP 数据核字（2011）第 099755 号

责任编辑：席 慧 王国栋 景艳霞/责任校对：宋玲玲
责任印制：张克忠/封面设计：北京科地亚盟图文设计有限公司

科学出版社出版
北京东黄城根北街 16 号
邮政编码：100717
http://www.sciencep.com

北京市文林印务有限公司印刷

科学出版社发行 各地新华书店经销

*

2011 年 6 月第 一 版 开本：720×1000 1/16
2011 年 6 月第一次印刷 印张：10
印数：1—4 000 字数：250 000

定价：26.00 元

（如有印装质量问题，我社负责调换）

前　言

进入21世纪的第二个十年，现代生命科学的空前发展无疑为基因工程的理论与技术的发展提供了更加广阔的平台。基因工程也是当今生命科学领域中应用最广泛的学科之一。然而，随着学科的飞速发展，基因工程的内容越来越丰富，真正全面、系统地掌握基因工程的理论和技术并不容易，一本凝练了基因工程内容的学习参考书和教学辅导书能使学生和教师在有限的学与教的时间内较好地掌握这门课程的内容，这无疑是非常必要的。

掌握基因工程的理论和技术对于生命科学各相关专业的学生都十分重要。如何帮助学生理解并掌握基因工程的基本理论和实验技术，一直是任课教师关注的问题。笔者在科学出版社的积极倡导下组织编写了生命科学辅导丛书之名师点拨系列中的《基因工程》一书。本书提炼了基因工程的核心内容，同时吸纳了学科的最新进展，并结合笔者多年的教学实践经验编写而成。本书的特点是简明扼要，重点突出，侧重基础和核心要点。本书部分习题选自有关书籍和资料，其余部分是从自建的教学试题库中挑选的，全部习题均提供了参考答案。另外，基因工程的发展十分迅速，有些问题的解答会随着科学的发展而不断地加以完善。

本书在编写过程中得到了关可兴、黄雪媚、李雁飞、周旺、谷艳芹、郝倩、邹雪、崔理立、曹昊、高键、滕藤、梁小博、郑宇、程柏淇、陈天睿等的大力支持和帮助，在此对他们表示衷心感谢！并对科学出版社的大力支持表示衷心感谢！

由于编者水平有限，难免存在不足之处，望读者批评指正。

张应玖

2011年4月于长春吉林大学

前言

目　录

第一章　绪　　论

重点提示：基因工程的含义（掌握），基因工程的理论依据（掌握），基因工程研究发展史（熟悉），基因工程研究内容（掌握），基因工程的安全性问题（了解）。

【核心概念】

1. 基因（gene）：基因是一个具有遗传功能的特定核苷酸序列的DNA片段。基因是遗传信息的基本单位。

2. 基因工程（gene engineering）：按照人们的愿望，进行严密的设计，通过体外DNA重组（基因重组）和基因转移等技术，有目的地改造受体细胞或生物种性，使受体细胞或生物物种在短时间内具有人们所期望的特性或功能，从而创造出更符合人们需求的新的生物物质或生物类型。

3. 基因重组（gene recombination）：涉及DNA分子内断裂-复合的基因交流过程。基因的重新组合形成了新的DNA分子。

4. 基因转移（gene transfer）：基因或DNA片段在不同生物个体之间的传递过程。

【知识要点】

一、基因工程的含义

基因工程是按照人们的愿望（设想），在体外对不同生物的遗传物质（基因）进行重组，然后通过基因转移技术转入微生物、植物或动物细胞（受体细胞、宿主细胞）内进行无性繁殖，并表达出基因产物或实现对生物体的改造，即获得符合人类需求的生物物质或新的生物类型。

基因工程最突出的两个特性是：①跨物种性，可以实现遗传物质（基因）跨物种重组、转移和表达；②无性扩增，可以实现外源DNA在宿主细胞内大量扩增和高水平表达，实现基因复制和表达的工程化。

二、基因工程诞生的理论基础

（1）不同基因具有相同的物质基础。所有生物的基因都是一个具有遗传功能的特定核苷酸序列的DNA片段（某些RNA病毒的基因可由互补DNA，即cDNA表示），而所有生物的DNA的基本结构都是一样的。因此，不同生物的基因

(DNA 片段）原则上可以重组。

（2）DNA 的双螺旋结构。DNA 通常以双链形式存在，形成双股螺旋结构。两条 DNA 链总是按照碱基 A 与 T 互补配对、G 与 C 互补配对的原则，通过氢键形成稳定的双螺旋结构。由于双链 DNA 中碱基是互补配对的，所以当一条链的核苷酸序列已知时，另一条链的核苷酸序列也可知。

（3）DNA 的半保留复制机制。细胞内 DNA 绝大多数以半保留复制方式合成。在复制过程中首先需碱基间氢键断裂并使双链解旋和分开，然后每条链可作为模板，在其上合成新的互补链，结果由一条链可以形成互补的两条链。这样新合成的两个 DNA 分子与原来的 DNA 分子的碱基序列完全一样。

（4）基因是可切割的。除少数基因是重叠排列外，大多数基因都是线性排列的，彼此之间存在间隔序列。因此，每个基因都可以从长链 DNA 分子上被完整地切割下来，即使是重叠排列的基因，也可以将目的基因切割下来，但与其相重叠的基因便被破坏了。

（5）基因是可以转移的。生物体内有的基因可以在同一染色体 DNA 上移动，甚至可以在不同染色体 DNA 间跳跃。基因的这种可转移性便实现了基因重组。因此基因以及基因组是可以重组的。

（6）中心法则。多肽链与基因之间存在对应关系，一条多肽链就有一种相应的基因，二者之间依据遗传密码存在对应关系，因此，基因的重组与转移可以根据其表达的多肽链的性质来检测。

（7）遗传密码是通用的。遗传密码（三联体密码）在所有生物体中都是通用的，所有遗传密码（除了少数几个外）与氨基酸之间的对应关系在所有生物体中都是相同的。因此，基因可以跨物种转移。

（8）基因可以通过复制把遗传信息传给下一代。经重组的基因若能稳定复制则也能传代，由此可获得相对稳定的转基因生物。

三、基因工程诞生的技术突破

以下技术和进展为基因工程的诞生提供了技术保障：①发现了 DNA 连接酶；②细菌质粒和 λ 噬菌体作为载体在细菌细胞里实现了大量扩增；③证实了经过氯化钙处理的大肠杆菌容易吸收噬菌体 DNA 或质粒 DNA。

四、基因工程的研究发展史

基因工程是在生物化学、分子生物学和分子遗传学综合发展基础上于 20 世纪 70 年代诞生的一门崭新的生物技术科学。基因工程的发展主要分为以下几个阶段。

1. 基因工程的理论基础准备阶段

1944～1952 年，美国微生物学家 Avery 等通过肺炎双球菌转化实验证明了

DNA 是基因的分子载体，接着美国遗传学家 Alfred Hershy 和他的学生 Marsha Chase 用噬菌体感染细菌进一步证明遗传物质是 DNA。1953 年，美国生物学家 J. D. Watson 和英国物理学家 F. H. C. Crick 揭示了 DNA 分子的双螺旋结构和半保留复制机制。1958～1971 年，由多名科学家先后确立了中心法则，并破译了 64 种遗传密码，成功地揭示了遗传信息由 DNA 到蛋白质的流向和表达的规律。

2. 基因工程的技术基础准备阶段

20 世纪 60 年代末至 70 年代初，多名科学家先后发现了限制性内切核酸酶和 DNA 连接酶，并在体外实现了 DNA 分子的切割与连接。1972 年前后，首次构建成了一个重组 DNA 分子。1970～1972 年，M. Mandel 和 A. Higa 发现小分子的细菌质粒以及 λ 噬菌体作载体，可以使体外重组的 DNA 分子进入经过处理的宿主细胞，并在其中实现了体外重组 DNA 的大量扩增和有效表达。

3. 基因工程的问世

在有了以上理论和技术的基础上，1972～1973 年，以美国微生物学家和生物化学家 P. Berg、美国生物化学家 S. Cohen 和 H. Boyer 为代表的多名科学家实现了基因的体外重组、基因转移以及基因的复制和表达。基因工程由此诞生。

4. 基因工程的迅速发展阶段

自 1980 年起，基因工程进入快速发展阶段，主要包括：①发展了一系列新的基因工程操作技术，如 1985 年，K. B. Mullis 发明了聚合酶链反应（polymerase chain reaction，PCR）技术，使体外人工复制 DNA 得以实现；②构建了多种功能强大的、可供转化（转导）原核或真核细胞的外源 DNA 载体；③不但获得了大量的转基因菌株，还培养出了转基因动物和转基因植物。

五、基因工程的研究内容

1. 基因工程克隆载体的研究

基因工程的诞生和发展与基因克隆（无性繁殖）载体的发现和发展息息相关。由于大多数 DNA 片段是不具有自我复制能力的，因此，为了实现在受体细胞中进行大量繁殖（或表达），就必须将这种 DNA 片段连接到一种在特定体系中具备自我复制能力的 DNA 分子上，即基因的克隆载体（vector）。显而易见，载体的性能直接关系到基因复制（或包括表达）的效果，因此，虽然迄今已构建了数以千计的克隆载体，但继续开发理想的载体仍是基因工程研究的重要内容之一。

2. 基因工程受体系统的研究

受体是克隆载体的宿主，是外源目的基因表达的场所，包括原核生物和真核生物，其中也包括人体细胞。早期采用的最好的受体系统是原核生物大肠杆菌和单细胞真核生物酵母菌，它们一起被看做是第一代基因工程受体系统。依据基因工程的目的不同，所要求的载体也不同，相应地所要求的受体系统也是不同的。随着基因工程的发展和基因克隆载体的发展，开发理想的受体系统也是基因工程研究的重要内容之一。

3. 目的基因的研究

基因是一种资源，而且是一种有限的战略性资源。一直以来，开发有价值的基因资源已成为各个国家之间竞争激烈的研究内容之一。谁拥有的基因资源多、意义大，谁就能在基因工程领域占据主导地位。因此，开发人们所需的目的基因是一项长期的战略任务。获得目的基因的途径主要是通过构建基因组文库或 cDNA 文库，目前 PCR 技术和人工化学合成方法应用更广。

4. 基因工程工具酶的研究

基因工程工具酶泛指体外进行 DNA 合成、切割、修饰和连接等系列过程中所需要的酶，包括 DNA 聚合酶、限制性内切核酸酶、修饰酶和连接酶等。显然，拥有有效的工具酶是实现基因工程目的的保障。

5. 基因工程新技术的研究

自从基因工程问世以来，用于基因工程的新技术不断涌现，由此也推动了基因工程的不断发展。针对基因工程系列过程的每一个环节，需要更加行之有效的技术。

6. 基因工程的应用研究

早期的基因工程技术主要应用于药物领域，目前基因工程技术已广泛应用于医药、食品、农业、林业、畜牧业、渔业、能源、环境保护等领域，以提高人们的生活水平、生活质量，达到改善生存环境等目的。扩大基因工程的应用范围，是建立和发展基因工程的最终目的，但也需要时刻消除基因工程可能带来的负面效应甚至危害。

基因工程自问世以来，已显示出了巨大的活力，使传统的生产方式和产业结构发生了变化。今后十年或更长一些时间，基因工程将重点开展基因组学、基因工程药物、动植物生物反应器和环境保护等方面的研究。

六、基因工程的安全性问题

基因工程自诞生以来，其安全性问题一直受到人们的关注。随着基因工程研究的不断深入和应用范围的不断扩大以及越来越多的基因工程产品的面市，基因工程的安全性问题已成为人们关注的焦点之一。地球上现有的基因组合是长期进化过程的产物，而基因工程技术的应用严重干预了自然过程，尤其是基因工程操作过程中引入的筛选标记基因或报告基因是否会对人类、牲畜有害，是否会被病原菌利用，以及是否会产生其他的负面效应，甚至是否会给自然生态带来灾难性影响，目前尚无定论，但的确应该引起足够的重视。虽然目前还没有发现基因工程研究成果对人类、牲畜造成危害的实例，但是部分人群依然抵制基因工程产品的上市。

对基因工程的担忧主要包括：对环境的影响、新型微生物（病毒）的出现、癌症扩散、人造生物扩散等。为了确保基因工程研究的安全性，尽可能消除出现的不安全因素，一些国家已制定了一系列基因工程研究法则，让基因工程这块绿洲的上方永远是蓝色的天空。

【试题精选】

简答题

1. 什么是基因工程？
2. 简述基因工程的理论依据。
3. 简述基因工程的主要研究内容。
4. 为什么人们会质疑基因工程的安全性？目前人们应该如何做？

【参考答案】

1. 答：按照人们的愿望，进行严密的设计，通过体外DNA重组（基因重组）和基因转移等技术，有目的地改造受体细胞或生物种性，使受体细胞或生物物种在短时间内具有人们所期望的特性或功能，从而创造出更符合人们需求的新的生物物质或生物类型。

2. 答：基因工程的理论依据包括：①不同基因具有相同的物质基础；②基因是可切割的；③基因是可转移的；④多肽链与基因之间存在对应关系；⑤遗传密码是通用的；⑥基因可以通过复制把遗传信息传给下一代。

3. 答：基因工程的主要研究内容包括：①基因工程克隆载体的研究；②基因工程受体系统的研究；③目的基因的研究；④基因工程工具酶的研究；⑤基因工程新技术的研究；⑥基因工程的应用研究等。

4. 答：基因工程的安全性问题引起人们关注，其问题主要集中在用于筛选的标记基因或报告基因是否会对人类、牲畜有害，是否会被病原菌利用，以及是否会产生其他的负面效应，甚至是否会给自然生态带来灾难性影响。为了确保基因工程研究的安全性，尽可能消除出现的不安全因素，一些国家已制定了一系列基因工程研究法则和基因工程的安全管理办法。同时，全世界从事基因工程研究的科技工作者应该携起手来，严格遵守基因工程研究的各项安全措施，坚决抵制从事危及人类生存的研制工作，让基因工程这块绿洲的上方永远是蓝色的天空。

第二章 DNA 重组

重点提示： DNA 的组成（掌握），DNA 的空间结构（熟悉），DNA 复制起始位点和复制子（复制单位）及其结构（掌握），转录启动子和转录区（掌握），外显子（掌握），内含子（掌握），DNA 转录终止子（掌握），DNA 的提取（了解），DNA 的纯化（掌握），DNA 的浓缩（掌握），DNA 变性（掌握），DNA 复性（掌握），限制性内切核酸酶及其作用机制（掌握），限制性内切核酸酶的识别序列（熟悉），限制性内切核酸酶切割 DNA 的位点（熟悉），限制性内切核酸酶的反应系统（了解），DNA 的片段化（掌握），星活性（了解），DNA 片段的黏性末端和平末端（掌握），PCR 及其基本原理（掌握），PCR 扩增特异性 DNA 片段的主要条件（掌握），DNA 片段的化学合成（熟悉），DNA 的凝胶电泳（熟悉），DNA 连接酶（掌握），DNA 片段之间的连接（掌握），DNA 重组的概念（掌握），DNA 的重组类型（了解）。

【核心概念】

1. DNA 重组（DNA recombination）：按照人们的愿望，进行严密的设计，在生物体外通过人为的 DNA 片段化和重新连接，产生新的重组 DNA 分子，使其遗传信息发生变化，达到基因重组等预期的目标。

2. DNA 的 5′端和 3′端（5′ end and 3′ end of a DNA）：在 DNA 的脱氧核苷酸链中，具有游离的 5′磷酸基团（5′-P）的一端称为 5′端；而具有游离的 3′羟基（3′-OH）的一端称为 3′端。

3. DAN 复制起始位点（DNA replication origin site）：DNA 的复制总是从特殊的位点起始，这个位点具有一定的核苷酸序列，将此核苷酸序列区域称为 DNA 的复制起始位点。

4. 复制子/复制单位（replicon）：从复制起点开始复制出一个 DNA 分子或一个 DNA 片段的核苷酸序列称为一个复制单位，或一个复制子。

5. 外显子（exon）：是指 mRNA 上的一个基因编码序列。

6. 内含子（intron）：是指 mRNA 上的非编码序列。

7. 回文结构（palindrome structure）：双链 DNA 分子中的一段旋转对称结构，在轴的两侧序列相同而反向，也称为倒置（反向）重复序列。当该序列的双链被打开后，可形成局部“十”字形结构。

8. 发夹结构（hairpin structure）：RNA 分子中由短的茎区（双链区、螺旋区）和环区（单链区）组成的类似于发夹状的结构。发夹结构是 RNA 中最普通的二级结构形式。

9. DNA 变性（DNA denaturation）：双链 DNA 在一定条件下因氢键断开而解链成无规则单链 DNA 的过程称为 DNA 变性。

10. 变性温度、解链温度（T_m）：是指当 DNA 双链有一半被解开时的温度，用 T_m 表示。

11. DNA 复性（DNA renaturation）：DNA 分开的两条单链又会重新结合成双链 DNA 的过程称为复性。

12. SD 序列（Shine-Dalgarno sequence）：在原核生物结构基因的起录点下游不远处，总有一个 5′-AGGAGG-3′的序列，转录出 mRNA 上的 5′-AGGAGG-3′序列，与核糖体 30S 亚基 16S rRNA 3′端的 5′-CCUCCU-3′互补，成为 30S 亚基识别和结合 mRNA 的位点。把此序列称为 SD 序列。

13. 限制性内切核酸酶（restriction endonuclease）：是一类能识别双链 DNA 中特殊核苷酸序列，并使每条链的一个磷酸二酯键断开的内切脱氧核糖核酸酶（endo-dexzyribonuclease）。

14. 黏性末端（cohesive end）：当一种限制性内切核酸酶在其识别序列处切断 DNA 时，在切口处一条 DNA 链的末端多出 1 至几个核苷酸，这些片断可以与具有互补核苷酸的另一 DNA 片段末端通过形成氢键黏结，或者通过分子内反应环化，因此称这些末端具有黏性，这样的 DNA 片段末端称为黏性末端。

15. 平末端（blunt end）：当一种限制性内切核酸酶在其识别序列处切断 DNA 时，产生的 DNA 片段末端是平齐的，这样的 DNA 片段末端称为平末端。

16. 同裂酶（isoschizomer）：来源不同，但是具有相同识别序列的一类限制性内切核酸酶被称为同裂酶。

17. 同尾酶（isocaudarner）：识别序列不同，但是切割 DNA 分子所得到的 DNA 片段具有相同黏性末端的一类限制性内切核酸酶。

18. 星活性（star activity）：某些限制性内切核酸酶在特定条件下，可以在不是原来的特异性识别序列处切割 DNA，这种现象称为星活性。

19. DNA 分子的限制性图谱/物理图谱（restriction map/physical map）：在 DNA 分子上绘制出各种限制性内切核酸酶识别的部位，这样的识别部位分布图称为 DNA 分子的限制性图谱/物理图谱。

20. PCR（polymerase chain reaction）：聚合酶链反应。

21. 寡核苷酸连杆（linker）：一种设计成以中线为轴两侧碱基互补对称的、化学合成的寡核苷酸片段。寡核苷酸连杆一般由 8～12 个核苷酸组成，其上有一种或几种限制性内切核酸酶的识别序列。

22. 衔接头（adaptor）：一种设计成一端或两端带有一种或两种限制性内切核酸酶切割产生的黏性末端的、化学合成的寡核苷酸片段。

23. DNA 芯片（DNA chip）：将 DNA 片段按预先设计的排列方式固定在载

玻片或尼龙膜上而形成的密集分子排列。

24. DNA 连接酶（DNA ligase）：能催化双链 DNA 片段紧靠在一起的 3′羟基末端与 5′磷酸基团末端之间形成磷酸二酯键，使两末端连接的酶。

25. 重组 DNA 技术（recombinant DNA technique）：在体外重新组合脱氧核糖核酸（DNA）分子，并使它们在适当的细胞中增殖的遗传操作。这种操作可把特定的基因组合到载体上，并使之在受体细胞中增殖和表达。因此它不受亲缘关系限制，为遗传育种和分子遗传学研究开辟了崭新的途径。

26. 裂口（gap）：是指双链 DNA 分子上的一条链断裂，并且缺少一个或数个核苷酸时所出现的 DNA 单链缺失。

27. 缺口（nick）：双链 DNA 分子的单链断裂，即在相邻的 2 个核苷酸分子之间没有磷酸二酯链的连接。

【知识要点】

一、DNA 的组成

DNA 是承载和传递遗传信息的物质，是一类由 4 种脱氧核糖核苷酸按照一定的顺序聚合而成的大分子。脱氧核糖核苷酸分子由脱氧核糖、磷酸和碱基组成。在 DNA 分子长链中，各个脱氧核糖和磷酸基团的结构和位置是一致的，而不同的只是碱基。组成 DNA 的碱基有 4 种，分别是腺嘌呤（A）、鸟嘌呤（G）、胞嘧啶（C）和胸腺嘧啶（T）。

二、DNA 的空间结构

DNA 通常以反向双链形式存在。两条 DNA 链总是按照碱基 A 与 T 互补配对、G 与 C 互补配对的原则，通过氢键形成稳定的双螺旋结构，成为双链 DNA。只有少数病毒和噬菌体中的 DNA 是以单链形式存在的。

由于双链 DNA 中碱基是互补配对的，所以当一条链的核苷酸序列已知时，另一条链的核苷酸序列也就可以知道了。因此双链 DNA 的核苷酸序列往往以其中一条单链 DNA 的核苷酸序列按 5′→3′的走向表示。

双链 DNA 分子在受热时（如 90℃）因链间氢键断裂而变性，缓慢冷却时又可复性，但快速冷却时，因碱基无法正确配对形成链间氢键而无法复性。

根据 DNA 双螺旋结构的螺距与旋转方向不同，可以分为 B-DNA、A-DNA 和 Z-DNA。B-DNA 在生物体中较多见，因此通常以 B-DNA 的空间结构来代表双链 DNA 的空间结构。

几乎所有真核生物的染色体 DNA 都是线形 DNA，而大部分原核生物的染色体 DNA 和全部线粒体 DNA、叶绿体 DNA 以及细菌的质粒 DNA 是环状 DNA 分子。环状 DNA 分子一般以共价闭合的超螺旋形式存在，即 ccc-DNA；当

DNA一条链的一个磷酸二酯键断开时，则成为开环DNA分子，即oc-DNA；而当两条链中相对应的两个磷酸二酯键同时断开时，则成为线形DNA分子，即l-DNA。

三、DNA复制起始位点和复制子的结构

DNA的功能之一是使所携带的遗传信息可以精确地传代。在细胞内DNA依据碱基互补原理以半保留复制机制进行复制，复制后，新产生的双链DNA分子中含有一条旧的链和一条新的链。DNA的复制从复制起始位点开始，形成复制叉，进行单向复制或双向复制。每个复制子都含有控制复制起始的起点（origin）和终止复制的终点（terminus）。

四、转录启动子和转录区

DNA的另一种重要功能是转录生成各种RNA。DNA的转录包括转录启动子和转录区。在转录过程中，构成转录启动子的序列不转录出相应的RNA，只有转录区的序列才转录出相应的RNA。一个基因或一个操纵子能否有效转录，首先取决于其上游是否有启动子。启动子是RNA聚合酶识别、结合和开始转录的位点，在结构上具有序列的相对保守性。在原核生物中，启动子是由两段彼此分开且高度保守的核苷酸序列组成：在基因的－4～－13区有一个由6个核苷酸组成的典型序列，多数情况是TATAAT序列，被称为pribnow框或－10区；在－35前后还有一个比较保守的TTGACA序列，被称为－35区。真核生物基因的启动子虽然不像原核生物基因的启动子那样具有高度保守、功能明确的－10区和－35区，但也发现有3个比较保守的核苷酸序列区与转录启动相关，这3个区分别是－25～－35区的TATA序列，－70～－80区的CAAT序列，以及－80～－100区的GC序列。

转录区从转录RNA的起录点开始，包括基因编码区和转录终止子。原核生物基因的起录点多数是CAT，少数是CAC或TAC，但一般从A开始转录。真核生物基因的起录点不如原核生物基因的那样固定，但多数仍从A开始转录，少数从G开始转录。

基因编码区是指转录生成的mRNA上自起始密码AUG（少数情况是GUG）至终止密码UAG（或UAA、UGA）之间的核苷酸序列。原核生物的转录区有的是由两个或两个以上基因组成的操纵子。组成同一操纵子的所有基因共用一个启动子，但是每个基因编码区都含有各自的起始密码和终止密码。两个基因编码区之间往往含有非编码的间隔序列区。真核生物的转录区较为复杂，一个启动子只控制转录一个基因编码区，而且一个基因编码区内除了外显子外，往往含有一个或几个长度各异的内含子。

在基因编码区下游的转录终止子终止转录。一个原核操纵子虽然由多个基因

组成，但是与启动子一样也只需一个终止子。终止子的结构虽然不同生物之间有明显的差别，但是一般为富含 G、C 的反向互补序列，由此序列转录出的 RNA 序列回折形成发夹结构。

五、天然 DNA 的提取

天然 DNA 包括染色体 DNA、病毒 DNA（噬菌体 DNA）、质粒 DNA、线粒体 DNA 和叶绿体 DNA 等，可以从不同的生物体中提取。

由于提取 DNA 的目的、种类、所用的生物、组织材料、实验条件等不同，DNA 的提纯有很多方法。其中最常用的是碱抽提法。但是不管用哪一种方法提取 DNA，一般都是先准备合适的生物材料，随后裂解细胞，再进一步分离和抽提 DNA。

根据实验要求不同，有的实验需要高纯度的 DNA，对提取的 DNA 样品需进一步纯化，具体方法有：氯化铯-溴化乙锭连续梯度离心法、离子交换层析法、琼脂糖凝胶电泳洗脱法、“基因纯”试剂纯化法。有时因实验要求，需要将 DNA 浓缩，具体方法有以下几种：乙醇沉淀法、正丁醇抽提法和聚乙二醇浓缩法。

纯化的 DNA 需进行含量和纯度的测定，主要的方法包括：①紫外光谱法，利用 DNA 在 260nm 波长处有特异的紫外吸收峰进行测定；②琼脂糖凝胶电泳法，溴化乙锭（EB）能插入 DNA 分子中，在紫外线照射下发出红色荧光，与已知浓度的 DNA 电泳带荧光强度对比，就可以估计出 DNA 的含量和纯度。

六、限制性内切核酸酶和 DNA 的片段化

DNA 体外重组，首先必须获得需要重组和能够重组的 DNA 片段，这些 DNA 片段主要是利用限制性内切核酸酶切割所制备的 DNA 分子而获得。在 DNA 体外重组中，限制性内切核酸酶切割天然的 DNA 分子，可获得含有完整基因、复制起始位点、转录启动子或转录区等，具有特定功能的 DNA 片段。

基因工程操作中真正有用的是Ⅱ型酶（限制性内切核酸酶的分类详见第四章）。限制性内切核酸酶以环状和线形的 DNA 为底物，在合适的反应条件下，识别一定的核苷酸序列，使两条核糖链上特定位置的磷酸二酯键断开，产生具有 3′-OH 基团和 5′-P 基团的片段。不同限制性内切核酸酶各有相应的识别序列，可以以 5′→3′走向的单链 DNA 表示。有的限制性内切核酸酶可识别两种以上的核苷酸序列。其切割位点一般在识别序列内部，少数在识别序列的两侧。DNA 分子经限制性内切核酸酶切割产生的 DNA 片段末端因所用限制性内切核酸酶的不同而不同，分为黏性末端和平末端。

限制性内切核酸酶与其他酶类一样，反应系统应包括酶、底物和反应缓冲液，并且还需要合适的反应温度。限制性内切核酸酶的底物是双链 DNA 分子（或 DNA 片段），作用位点在识别序列上，但是限制性内切核酸酶的催化效率与

DNA样品纯度、DNA分子构型、识别序列两侧序列长短以及识别序列碱基甲基化等密切相关。反应系统中，限制性内切核酸酶的用量主要取决于酶本身的催化活性和底物DNA样品。某种限制性内切核酸酶的催化活性多数是根据限制性内切核酸酶在最适反应条件下完全切割一定量λDNA所需的最小酶量来定的。某种限制性内切核酸酶在最适反应条件下，60min内完成切割1μg λDNA所需的酶活性定为1酶活力单位（unit或U)。大多数限制性内切核酸酶的最适反应温度是37℃，而少数是低于或高于37℃的。几乎所有限制性内切核酸酶都具有星活性，出现的频率因采用的限制性内切核酸酶、底物DNA和反应条件的不同而不同。为了避免产生星活性，即使降低酶的切割效率，同时也要尽可能排除产生星活性的条件。例如，降低反应系统中的甘油含量，控制在pH中性和高盐浓度下进行反应。

无论是用生物材料制备的天然DNA，还是化学合成的DNA，往往需要用限制性内切核酸酶进行切割，使其成为可用于连接重组的DNA片段，即DNA分子的片段化，常用的切割方法有单酶切法、双酶切法和部分酶切法等。

七、特异性DNA片段的PCR扩增

1983年建立了体外扩增DNA片段的方法，即PCR法。采用这种方法，在反应系统中，只要有一个拷贝的DNA片段，在短时间内就能扩增出大量拷贝数的特异性DNA片段，可满足用于常规方法的DNA分离、检测和重组。

PCR扩增是模仿细胞内发生的DNA复制过程进行的，在体外由酶催化合成特异性DNA片段。这种方法以DNA互补链聚合反应为基础，通过DNA变性、引物与模板DNA一侧的互补序列复性杂交、耐热性DNA聚合酶催化引物延伸等过程的多次循环，扩增式获得特异性DNA片段。一般反应过程是如下。

(1) 变性：反应系统加热至90～95℃，底物双链DNA变性成为两条单链DNA，作为互补链聚合反应的模板；

(2) 退火：降温至30～60℃，使两种引物分别与模板DNA链的3′端一侧的互补序列杂交（复性)；

(3) 延伸：升温至70～75℃，耐热性DNA聚合酶催化引物按5′→3′方向延伸，合成模板DNA链的互补链。

重复以上过程，经过3次循环，就出现扩增的特异性DNA片段。由于上一次循环合成的两条互补链可作为下一次循环的模板DNA链，所以每循环一次，底物DNA的拷贝数增加1倍。因此PCR经过n次循环后，扩增出的特异性DNA片段基本上达到了2^n个拷贝数。例如，经过25次循环后，则可产生2^{25}个拷贝数的特异性DNA片段，即扩增出约3.4×10^7倍的DNA片段，但是，由于每次PCR的效率并非100％，所以实际扩增倍数要低于理论值。

八、DNA片段的化学合成

现在用化学方法合成DNA片段是一种十分成熟和简便的技术，利用DNA合成仪，根据待合成的DNA片段预定的核苷酸序列，可自动地将4种核苷酸单体按3′,5′磷酸酯键连接成寡核苷酸片段。目前常用的寡核苷酸片段的化学合成方法是磷酸三酯和亚磷酸三酯的固相合成法以及在此基础上发展起来的自动合成法。

九、DNA片段的连接重组

基因工程也称为基因重组。基因之所以能够在试管内进行重组，是因为DNA片段能够进行连接。为了使一个有用的基因通过克隆载体导入受体细胞，并且在受体细胞内进行有效的表达，需要进行多种DNA片段的连接，构建成重组DNA分子。

目前用于试管中连接DNA片段的DNA连接酶有*E. coli* DNA连接酶和T4 DNA连接酶。其中*E. coli* DNA连接酶只能催化双链DNA片段互补黏性末端之间的连接，不能催化双链DNA片段平末端之间的连接。反应系统中，必须含NAD^+作为辅助因子。而T4 DNA连接酶既可用于双链DNA片段互补黏性末端之间的连接，也能催化双链DNA片段平末端之间的连接，但是平末端之间连接的效率比较低，必须增加酶的用量。此酶的反应系统中必须加有辅助因子ATP。

不论使用哪种连接酶，待连接的DNA必须是两条双链DNA，而且DNA的3′端要有游离的—OH，5′端要有一个磷酸基团（—P）。通常影响连接效率的因素主要有：①温度，一般采用14～16℃；②DNA片段与载体的分子比例，片段通常为载体的3～10倍，这样可增加插入片段与载体的接触机会，减少载体的自我连接。

DNA片段的体外连接方式是：①黏性末端的连接，这是最常见和最主要的连接方式，两个片段通过黏性末端互补靠近，再利用DNA连接酶把相互靠近的5′端磷酸与3′-OH连到一起。②平末端（blunt end）的连接是5′端与3′端并列靠近，然后靠DNA连接酶把相互靠近的5′端磷酸与3′-OH连到一起。由于5′端与3′端并列靠近的时间太短，不容易被连接酶连接。T4 DNA连接酶虽然能连接平末端，但效率很低，只有黏性末端的1%。

待连接的两个DNA片段经过不同限制性内切核酸酶的切割后，产生的末端未必是互补黏性末端，或者未必都是平末端，无法进行连接。在这种情况下，连接之前必须对两个末端或一个末端进行修饰。修饰的方法主要是将黏性末端修饰成平末端，或将平末端修饰成互补黏性末端。有时为了避免待连接的两个DNA片段自行连接成环形DNA，或自行连接成二聚体或多聚体，在连接之前，先将其中一种DNA片段5′端的磷酸基团（—P）修饰成羟基（—OH）。

(1) DNA 片段末端同聚物加尾后进行连接。此反应由末端脱氧核苷酸转移酶催化完成。它催化脱氧核苷三磷酸进行 5′→3′聚合作用，将脱氧核苷酸分子一个一个地加到 DNA 片段的 3′-OH 端上。如此加尾的 DNA 片段可按互补黏性末端片段之间的连接方法进行连接。通过 DNA 片段加尾，既可以使两个具平末端的 DNA 片段进行连接，也可以使具平末端的片段与黏性末端的 DNA 片段进行连接。

(2) 黏性修饰成平末端后进行连接。外切酶Ⅶ可使双链 DNA 片段的 3′端或 5′端单链部分断裂，使双链 DNA 片段的黏性末端成为平末端，然后按照平末端的连接方法连接。

(3) DNA 片段 5′端脱磷酸化作用后连接。为避免部分 DNA 片段自行连接环化，或连接成多聚体，在两种 DNA 连接之前，可使其中一种 DNA 片段的 5′端由磷酸基团（—P）转变为羟基（—OH）。此反应是在碱性磷酸酯酶作用下完成的。

(4) PCR 产物与 T 载体的直接连接。PCR 产物两个 3′端一般都有一个 A，这是 *Taq* DNA 聚合酶的作用特性，T 载体的两个 3′端人为地各加了一个 T，因此，两者可通过这一个碱基的互补直接连接。

DNA 重组既可以是两种 DNA 片段的连接，也可以是一种外源 DNA 片段插入到另一种 DNA 分子中。若待连接的两种 DNA 片段各含有一个以上的基因，这样的 DNA 重组也称为基因重组。DNA 重组包括插入重组和置换重组。

【试题精选】

一、名词解释

1. 重组 DNA 技术（recombinant DNA technique）
2. 限制性内切核酸酶（restriction endonuclease）
3. 同裂酶（isoschizomer）
4. 同尾酶（isocaudarner）
5. 黏性末端（cohesive end）
6. 平末端（blunt end）
7. 稀切酶（dilute enzyme）
8. 位点偏爱（site preference）
9. 星活性（star activity）
10. 限制性片段长度多态性（restriction fragment length polymorphism，RFLP）
11. DNA 分子的限制性酶切图谱（DNA restriction endonuclease map）
12. 甲基化酶（methylase）
13. DNA 聚合酶（DNA polymerase）
14. 反转录酶（reverse transcriptase）

15. 末端转移酶（terminal deoxynucleotidyl transferase，TDT）
16. 连接酶（ligase）
17. T4 多聚核苷酸激酶（T4 polynucleotide kinase，T4 PNK）
18. 碱性磷酸酶（alkaline phosphatase，ALP）
19. DNA 重组（DNA recombination）
20. DAN 复制起始位点（DNA replication origin site）
21. 复制子/复制单位（replicon）
22. 转录启动子（transcription promoter）
23. 转录终止子（transcription terminator）
24. 外显子（exon）
25. 内含子（intron）
26. 回文结构（palindrome structure）
27. 发夹结构（hairpin structure）
28. DNA 变性（DNA denaturation）
29. 变性温度、解链温度（T_m）
30. DNA 复性（DNA renaturation）
31. 寡核苷酸连杆（linker）
32. 衔接头（adaptor）
33. DNA 芯片（DNA chip）
34. 裂口（gap）
35. 缺口（nick）

二、填空题

1. 现在发现的多数限制性内切核酸酶识别由________个核苷酸对组成的序列。*Eco*RⅠ的识别序列是________。

2. 限制性内切核酸酶以________和________的________为底物，在合适的反应条件下，识别一定的核苷酸序列，使两条核糖链上特定位置的________断裂开，产生具有________和________的片段。

3. 限制性内切核酸酶同其他酶类一样，反应系统应包括________、________和________，并且还需要________________。

4. 限制性内切核酸酶的底物是________，作用位点在________，但是限制性内切核酸酶的催化效率与____________、____________、____________以及____________等密切相关。

5. 大肠杆菌很多菌株的细胞内具有两种核苷酸专一的甲基化酶，即________和________。前者能修饰 GATC 序列中的________成为________，后者能修饰 CC（A/T）GG 序列中的________成为________。

6. 完全的回文序列具有两个基本的特点：①能够在中间________，两侧的序列两两________；②两条互补链的________相同，即将一条链旋转180°，________。

7. 限制性内切核酸酶通常保存在________浓度的甘油溶液中。

8. Ⅱ类限制性内切核酸酶的分子质量较小，一般为 20～40kDa，通常由________亚基所组成。它们的作用底物为________，极少数Ⅱ类酶也可作用于________或________。这类酶的专一性强，它不仅对酶切位点邻近的________有严格要求，而且对更远的________也有要求，因此，Ⅱ类酶既具有________专一性，也具有________专一性，一般在识别序列内切割。切割方式有________，产生________末端的DNA片段或________的DNA片段。作用时需要________做辅助因子，但不需要________和________。

9. 在酶切反应管中加完各种反应物后，需要离心 2s，其目的是________和________。

10. DNA 甲基化的主要形式：________，________和________。

11. 由于________极易在进化中丢失，所以高等真核生物中________序列远远低于其________。

12. 哺乳类基因组中约存在________个 CG 岛（CG island）大多位于转录单元的________区。

13. 没有甲基化的胞嘧啶发生________作用，就可能被氧化成为________，被 DNA 修复系统所识别和切除，恢复成________。已经甲基化的胞嘧啶发生________作用，它就变为________，无法被区分。因此，________序列极易丢失。

14. 生物体甲基化的方式是________，________。

15. 许多________类限制性内切核酸酶，都存在着相对的甲基化酶，它们可修饰限制酶识别顺序中的________，封闭________，从而使其________，如 M. *Eco*RⅠ催化 *S*-腺苷-*L*-甲硫氨酸（SAM）的________转移到________识别顺序中的________上，从而使 DNA 免受________的切割。

16. 末端转移酶是一种________酶，催化________结合到 DNA 分子的________。带有________、________或________分子均可作为其底物。

17. 真核生物中分离出具有不同结构的反转录酶。这种酶需要________或________作为辅助因子。

18. 大多数反转录酶都具有多种酶活性，主要包括以下几种活性。①________，②________，③________。除此之外，有些反转录酶还有________，这可能与病毒基因整合到宿主细胞染色体 DNA 中有关。

19. T4 DNA 聚合酶（T4 DNA polymerase）由于同时具有________活性和________活性，可以用于将________或________削平。

20. 大肠杆菌 DNA 聚合酶Ⅰ（*E. coli* DNA polymerase Ⅰ）主要有 3 种作用：①________；②________；③________。

21. Klenow 片段是________的一个片段，只有________和________活性，失去了________活性。它可用于________成为双链。

22. 大肠杆菌 DNA 聚合酶Ⅱ和大肠杆菌 DNA 聚合酶Ⅲ。前者不能利用________或者________为模板。需有________和________时才能表现出酶活性，无________的作用。后者没有________活性，也不能________作为模板。

23. 耐热 DNA 聚合酶多应用在________技术中。各种耐热 DNA 聚合酶均具有________聚合酶活性，但不一定具有________和________的外切酶活性。________外切酶活性可以消除________、________；________外切酶活性可以消除________。由于上述这些不同，可以将耐热 DNA 聚合酶分为________类，分别是________、________和________。

24. T4 DNA 聚合酶的 3′→5′ DNA 外切酶对于________要比________活性更高，即________要比________中的非配对链部分更容易被 T4 DNA 聚合酶所消化。T4 DNA 聚合酶的 3′→5′外切酶活性比 Klenow 片段要________约 200 倍。

25. T4 DNA 聚合酶与大肠杆菌________相似，也是一条多肽链，分子质量亦相近，但作用上与其不同，包括①它无________；②它需要________作模板。在有缺口的双链 DNA 作模板时，需要有________的辅助；它利用________为模板，可同时利用它作为________，即________的 3′端能环绕其本身的________形成________，而________被 T4 DNA 聚合酶的 3′→5′外切酶活性切去，然后在其作用下从________开始聚合，合成该模板 DNA 的互补链，再以互补链为模板合成原来的________。

26. T7 DNA 聚合酶最初具有________活性以及________活性。当 T7 DNA 聚合酶用适当方法处理后，可使________活力明显下降。改造后的 T7 DNA 聚合酶又称为________。

27. T7 测序酶具有很高的________，并有高度的________，正因如此，该酶在使用中不同于 Klenow 片段和反转录酶。它几乎没有________，整个反应在________完成，并且不需要进行________。

28. T7 DNA 聚合酶测序时 DNA 的合成过程是分两步完成的。第一步为________________阶段，第二步为________________合成过程。

29. 每个大肠杆菌 DNA 聚合酶Ⅰ分子中含有一个________，在 DNA 聚合反应中起着很重要的作用。经过枯草杆菌蛋白酶处理后，酶分子分裂成两个片段，大片段分子质量为________，通常称为________，小片段的分子质量为________。此酶的________和________均较差，它可以用________作为模板，也可以用________为底物。在________时还可以从头合成同聚物或异聚物。

30. 大肠杆菌 DNA 聚合酶Ⅱ的催化特性如下。①________；该酶对________有特殊的要求。该酶的最适模板是________中有空隙（gap）的________，而且该________不长于________核苷酸。对于较长的单链 DNA 模板区该酶的聚合活性很低。但是用________可以提高其聚合速率，可达原来的50～100 倍。②该酶也具有________活性，但无________活性。③该酶对________的选择性较强，一般只能将________掺入到 DNA 链中。④该酶________复制的主要聚合酶。

31. 大肠杆菌 DNA 聚合酶Ⅲ全酶由多种亚基组成，而且容易________。最适模板是________中间有空隙的________，________可以提高该酶催化单链 DNA 模板的 DNA 聚合作用。DNA 聚合酶Ⅲ也有________和________外切酶活性，但是________外切酶活性的最适底物是单链 DNA，只产生________，不会产生________，即每次只能从________开始切除________核苷酸。5′→3′外切酶活性也要求有________为起始作用底物，但一旦开始后，便可作用于________。DNA 聚合酶Ⅲ是细胞内________所必需的酶。

32. 在序列 5′-CGAACATATGGAGT-3′中含有一个 6bp 的Ⅱ类限制性内切核酸酶的识别序列，该位点的序列是____________，属于________类型。

33. DNA 在________ nm 波长处有特异的紫外吸收峰。对于纯 DNA，________的值为________，若低于比值，说明 DNA 中有蛋白质杂质。

三、判断题

1. 不同的限制性内切核酸酶各有相应的识别序列，现在发现的多数限制性内切核酸酶识别序列由 6 个核苷酸对组成，少数限制性内切核酸酶的识别序列由 4 个或 5 个核苷酸对组成，或是多于 6 个核苷酸对组成。（　）

2. 同裂酶的切割位点都是相同的。（　）

3. 限制性内切核酸酶的切割位点都是在序列的内部，没有在序列两侧的。（　）

4. 几乎所有限制性内切核酸酶都具有星活性。（　）

5. 限制性内切核酸酶有效作用于 DNA 分子的全序列。（　）

6. 通常染色质的活性转录区甲基化程度高，而非活性区则无或很少甲基化。（　）

7. 稀切酶是指那些识别序列很长又不常用的限制性内切核酸酶。（　）

8. DNA 连接酶的单位通常用 Weiss 单位表示，一个 Weiss 单位是在 37℃下 20min 内催化焦磷酸交换 1μmol ^{32}P 到 ATP 所需要的酶量。（　）

9. 反转录酶能够以单链 RNA 或单链 DNA 为模板，在引物的引发下合成一条互补的 DNA 链。以 mRNA 为模板合成的 DNA 是 cDNA。（　）

10. Bal31 核酸酶是 Ca^{2+} 依赖性的，在反应混合物中加入 EDTA 便可抑制它

的活性。(　　)

11. T4 DNA 连接酶和 *E. coli* DNA 连接酶作用时都需要 ATP 和 NAD^+ 作为辅助因子。(　)

12. 在反转录过程中，使用 AMV 比使用 M-MLV 可得到较多的产物。(　　)

13. 真核生物可能有两种 DNA 连接酶：连接酶Ⅰ和连接酶Ⅱ。两者都能在 DNA 合成和连接中起作用。(　　)

14. DNA 聚合酶Ⅰ有三种酶活性，5′→3′的聚合作用，3′→5′的外切酶活性，5′→3′外切酶活性。其中 3′→5′外切酶的活性在较多的 dNTP 存在下，常被 5′→3′合成酶的活性所掩盖。(　　)

15. 用同一种酶切割载体和外源 DNA 得到黏性末端后，为防止它们自身环化，要由 CIP（小牛肠碱性磷酸酶）将它们脱磷酸。(　　)

16. λ 外切酶的作用产物可以作为末端转移酶的作用底物。(　　)

17. 用外切酶Ⅲ做系列缺失突变时，可以从突出的 3′端开始。(　　)

18. 若靶 DNA 一端或两端不含限制性内切核酸酶识别序列，可在设计引物的 5′端添加一些与模板 DNA 链核苷酸序列非互补的序列。(　　)

四、选择题

1. 分析限制性内切核酸酶切割双链 DNA 所得到的 DNA 片段的长度有助于物理作图，这是因为(　　)。

A. 即使只用一种限制酶，因为 DNA 是线性的，所以也可以迅速确定限制性片段序列

B. 限制性内切核酸酶在等距离位点切割 DNA，同时对于每个生物体的长度是特异的

C. DNA 的线性意味着单限制酶切片段的长度之和等于 DNA 总长，而双酶切产生的重叠片段则产生模糊的图谱

D. 这些限制性内切核酸酶的消化活性是物种特异的

2. 下面有关限制酶的叙述哪些是错误的？(　　)

A. 限制酶是外切酶而不是内切酶

B. 限制酶在特异序列（识别位点）对 DNA 进行切割

C. 同一种限制酶切割 DNA 时留下的末端序列总是相同的

D. 一些限制酶在识别位点内稍有不同的位置切割双链 DNA，产生黏末端

3. 第一个被分离的Ⅱ类限制性内切核酸酶是(　　)。

A. *Eco* K　　B. *Hind* Ⅲ　　C. *Hind* Ⅱ　　D. *Eco* B

4. 在下列进行 DNA 部分酶切的条件中，控制哪一项最好？(　　)

A. 反应时间　　B. 酶量　　C. 反应体系　　D. 酶反应的温度

5. 下列试剂中，哪一项可以螯合 Ca^{2+}？(　　)

A. EDTA　　B. 柠檬酸钠　　C. SDS　　D. EGTA

6. 下面哪一种不是产生星活性的主要原因？(　　)

A. 甘油含量过高　　B. 反应体系中含有有机溶剂

C. 含有非 Mg^{2+} 的二价阳离子　　D. 酶切反应时酶浓度过低

7. DNA 被某种酶切割后，电泳得到的电泳带有些扩散，下列原因中，哪一项不太可能？(　　)

A. 酶失活　　B. 蛋白质（如 BSA）与 DNA 结合

C. 酶切条件不合适　　D. 有外切酶污染

8. 关于回文序列，下列各项中(　　)是不正确的。

A. 是限制性内切核酸酶的识别序列

B. 是某些蛋白质的识别序列

C. 是基因的旁侧序列

D. 是高度重复序列

9. 为什么使用限制性内切核酸酶对基因组 DNA 进行部分酶切？(　　)

A. 为了产生黏末端

B. 只切割一条链上的酶切位点，产生开环分子

C. 可得到比完全酶切的片段略短的产物

D. 可得到比完全酶切的片段略长的产物，是高度重复序列

10. S1 核酸酶的功能是(　　)。

A. 切割单链的 DNA　　B. 切割单链的 RNA

C. 切割发夹环　　D. 以上有两项是正确的

11. EDTA 是一种螯合剂，可以抑制大多数酶的活性，但在下列酶中，(　　)不受它的影响。

A. 外切酶Ⅲ　　B. *Eco*RⅠ　　C. *Bal*31 核酸酶　　D. *Pst*Ⅰ

12. 下列哪一种酶作用时不需要引物？(　　)

A. 限制酶　　B. 末端转移酶　　C. 反转录酶　　D. DNA 连接酶

13. 从 *E. coli* 中分离的连接酶(　　)。

A. 需要 ATP 作为辅助因子

B. 需要 NAD 作为辅助因子

C. 可以进行平末端和黏性末端的连接

D. 作用时不需要模板

14. 下列酶中，除(　　)外都具有磷酸酶的活性。

A. 外切酶　　B. 外切酶Ⅲ

C. 单核苷酸激酶　　D. 碱性磷酸酶

15. 在以下关于噬菌体 SP6 RNA 聚合酶特性的描述中，(　　)是不正确的。

A. 能够特异性识别 SP6 启动子

B. 可能在 DNA 模板的切口处停止

C. 具有核酸酶活性

D. 用于体外标记 RNA 探针

16. 在模板链的引导下，合成长片段的 DNA 互补链时应选用(　　)。

A. T4 DNA 聚合酶　　B. Klenow 酶

C. 大肠杆菌 DNA 聚合酶Ⅰ　　D. T7 DNA 聚合酶

17. DNA 连接酶在体内的主要作用是在 DNA 复制、修复中封闭缺口，(　　)。

A. 将双链 DNA 分子中的 5′磷酸基团与 3′-OH 端重新形成磷酸二酯键

B. 作用时不消耗能量

C. 需要 Mn^{2+} 等二价辅助离子

D. 也可以连接 RNA 分子

18. T4 DNA 连接酶是从 T4 噬菌体感染的 *E. coli* 中分离的，这种连接酶(　)。

A. 催化连接反应时既能以 ATP 又能以 NAD 作为能量来源

B. 既能催化平末端连接又能催化黏末端连接

C. 是一种单肽酶，分子质量为 74kDa

D. 既能催化单链 DNA 连接又能催化双链 DNA 连接

19. 要对一双链 DNA 分子进行 3′端标记，可用(　　)。

A. Klenow 酶　　B. DNA 聚合酶Ⅰ

C. T4 DNA 聚合酶　　D. 修饰后的 T7 DNA 聚合酶

E. *Taq* DNA 聚合酶

20. 下列叙述中，错误的是(　　)。

A. 蛋白质中氨基酸序列可为合成目的基因提供资料

B. 基因探针是指用放射性核素或荧光分子等标记的 DNA 分子

C. 相同黏性末端只是通过碱基对的配对而连接的

D. 基因治疗主要是把健康的外源基因导入有基因缺陷的细胞中

21. 下列关于限制酶说法不正确的是(　　)。

A. 限制酶广泛存在于各种生物中，微生物中很少分布

B. 一种限制酶只能识别一种特定的核苷酸序列

C. 不同的限制酶切割 DNA 的位点不同

D. 限制酶可用来提取目的基因

22. 关于 DNA 接头的作用，下列叙述不正确的是(　　)。

A. 给外源 DNA 添加适当的酶切位点　　B. 人工构建载体

C. 调整外源基因的可读框　　D. 增加调控元件

23. 下列哪一种酶作用需要引物？（　　）

A. 限制酶　　　　B. 末端转移酶

C. 反转录酶　　　　D. DNA 连接酶

24. 下面哪一种不是产生星活性的主要原因？（　　）

A. 甘油含量过高　　　　B. 酶切反应时酶浓度过低

C. 反应体系中盐浓度过低　　　　D. 反应体系 pH 过高

25. Ⅱ型限制性内切核酸酶(　　)。

A. 有内切核酸酶和甲基化酶活性且经常识别回文序列

B. 仅有内切核酸酶活性

C. 限制性识别非甲基化的核苷酸序列

D. 仅有外切核酸酶活性

五、简答题

1. 限制性内切核酸酶的催化活性如何定义的？酶的用量如何确定？

2. 简述星活性与哪些因素有关？如何避免？

3. 简述反转录酶的作用过程。

4. 简述 DNA 聚合酶的共性。

5. 简述 T4 噬菌体 Polymerase 的用途。

6. 简述依赖于甲基化的限制系统。

7. 简述真核生物中的甲基化酶的种类和作用。

8. 简述脱磷酸化的意义。

9. 当两种限制性内切核酸酶的作用条件不同时，若要进行双酶切，应采取什么措施？为什么？

六、问答题

1. 综合描述与限制性内切核酸酶的催化效率有关的因素。

2. 详细叙述甲基化酶的种类。

3. 甲基化对限制酶切的影响。

4. 详细叙述反转录酶具有的酶活性及其作用。

5. 简述 SDS 碱裂解法小量制备质粒 DNA 的原理及溶液 1、2、3 的作用。

6. 简述导致限制性内切核酸酶部分切割 DNA 片段的原因，并且简要说明部分酶切的实验设计方案。

7. 阐述内切核酸酶、外切核酸酶的概念及其应用。

8. 阐述限制性内切核酸酶对 DNA 的部分酶切及其应用。

9. 双酶切的两种限制性内切核酸酶如果需要不同的反应体系，该如何使用？

10. 限制性内切核酸酶Ⅰ的识别序列和酶切位点是—G↓GATCC—，限制性内切核酸酶Ⅱ的识别序列和酶切位点是—↓GATC—。在质粒上有酶Ⅰ的1个酶切位点，在目的基因的两侧各有1个酶Ⅱ的酶切位点。用上述两种酶分别切割质粒和含有目的基因的DNA。请问：

（1）请画出质粒被限制酶Ⅰ切割后所形成的黏性末端。

（2）请画出目的基因两侧被限制酶Ⅱ切割后所形成的黏性末端。

（3）在DNA连接酶的作用下，上述两种不同限制酶切割后形成的黏性末端能否连接起来？为什么？

【参考答案】

一、名词解释

1. 重组DNA技术：略。

2. 限制性内切核酸酶：略。

3. 同裂酶：略。

4. 同尾酶：略。

5. 黏性末端：略。

6. 平末端：略。

7. 稀切酶：由于长的识别序列和富含GC或富含AT的识别序列在DNA分子中出现的概率很低，所以把这些识别序列相应的限制性内切核酸酶称为稀切酶。

8. 位点偏爱：限制性内切核酸酶的切割效率不仅与侧面序列长短有关，也与侧面序列的核苷酸组成有关，这种与侧面序列的核苷酸组成有关的现象叫做位点偏爱。

9. 星活性：略。

10. 限制性片段长度多态性：是指个体之间DNA限制性片段长度的差异。例如，某种DNA序列中的某个碱基发生了突变，使突变所在部位的DNA序列产生（或缺失）某种限制性内切核酸酶的位点。这样，利用该限制性内切核酸酶消化此DNA时，便会产生与正常不同的限制性片段。这样，在同种生物的不同个体中会出现不同长度的限制性片段类型，即限制性片段长度多态性。

11. DNA分子的限制性酶切图谱：略。

12. 甲基化酶：是指作用于DNA，使其碱基甲基化的酶，它作为限制与修饰系统中的一员，用于保护宿主DNA不被相应的限制酶所切割。

13. DNA聚合酶：以DNA为复制模板，能将DNA由5′端开始复制到3′端的酶。

14. 反转录酶：是以RNA为模板指导三磷酸脱氧核苷酸合成互补DNA（cDNA）的酶。

15. 末端转移酶：又称为脱氧核苷酸转移酶。一种能将脱氧核苷酸三磷酸（dNTP）加到DNA片段3′-OH上的酶。

16. 连接酶：又称为合成酶，能催化两个分子连接成一个分子或把一个分子的首尾相连接的酶。此反应与三磷酸腺苷（ATP）水解相偶联，即在连接反应的同时发生了ATP高能磷酸键的断裂。

17. T4多聚核苷酸激酶：能够催化磷酸在ATP的γ-位和寡核苷酸链（双链或单链DNA或RNA）的5′羟基末端以及3′单磷酸核苷间进行转移和交换。T4 PNK还具有3′磷酸酶活性，将3′磷酸基团从寡核苷酸的3′磷酸末端、脱氧3′单磷酸核苷和脱氧3′二磷酸核苷上水解掉。

18. 碱性磷酸酶：能催化核酸分子脱掉5′磷酸基团，从而使DNA或RNA片段的5′-P端转换成5′-OH端。

19. DNA重组：略。

20. DAN复制起始位点：略。

21. 复制子/复制单位：略。

22. 转录启动子：DNA分子上能专一地与RNA聚合酶结合并能决定转录起始部位和转录效率的一段DNA序列。在转录时，启动子序列不转录出相应的RNA。

23. 转录终止子：在基因编码区末端、具有终止转录功能的一段DNA序列。在转录时，终止子也被转录出来。

24. 外显子：略。

25. 内含子：略。

26. 回文结构：略。

27. 发夹结构：略。

28. DNA变性：略。

29. 变性温度、解链温度（T_m）：略。

30. DNA复性：略。

31. 寡核苷酸连杆：略。

32. 衔接头：略。

33. DNA芯片：略。

34. 裂口：略。

35. 缺口：略。

二、填空题

1. 6；GAATTC

2. 环状；线形；双链DNA；磷酸二酯键；3′-OH基团；5′-P基团

3. 酶；底物；反应缓冲液；合适的反应温度

4. 双链DNA分子；识别序列；DNA样品纯度；DNA分子构型；识别序列两侧序列长短；识别序列碱基甲基化程度

5. dam甲基化酶；dcm甲基化酶；腺嘌呤残基；5′-甲基腺嘌呤；胞嘧啶残基；5′-甲基胞嘧啶

6. 画一个对称轴；对称互补配对；5′→3′的序列组成；两条链重叠

7. 50%

8. 2～4个相同的；双链DNA；单链DNA；DNA/RNA杂合双链；两个碱基；碱基；切割位点；识别位点；平切和交错切；具有突出黏性末端；具有平末端；Mg^{2+}；ATP；*S*-腺苷-*L*-甲硫氨酸（SAM）

9. 混合均匀；防止部分酶切

10. 5-甲基胞嘧啶；N^6-甲基腺嘌呤；5′-甲基腺嘌呤

11. 甲基化胞嘧啶；CG；理论值

12. 4万；5′

13. 脱氨基；U；C；脱氨基；T；CpG

14. 稳定的；可遗传的

15. Ⅱ；第三位腺嘌呤；酶切位点；免受切割；甲基；*Eco*RⅠ；第三位腺嘌呤；*Eco*RⅠ

16. 无需模板的DNA聚合；脱氧核糖核苷酸；3′羟基端；突出；凹陷；平滑末端的单双链DNA

17. 镁离子；锰离子

18. DNA聚合酶活性；RNase H活性；DNA指导的DNA聚合酶活性；DNA内切酶活性

19. 5′→3′DNA聚合酶；3′→5′DNA外切酶；5′端突出末端补平；3′端突出末端

20. 5′→3′的聚合作用；3′→5′的外切酶活性；5′→3′外切酶活性

21. 完整的DNA聚合酶Ⅰ；5′→3′聚合酶活性；3′→5′外切酶；5′→3′外切酶；填补DNA单链末端

22. 单链DNA；poly（dA-dT）；镁离子；dNTP；自发合成DNA；5′→3′外切酶；用单链DNA

23. PCR；5′→3′；3′→5′；5′→3′；3′→5′；错配；切平末端；5′→3′；合成障碍；三；普通耐热DNA聚合酶；高保真DNA聚合酶；DNA序列测定中应用的耐热DNA聚合酶

24. 单链DNA；双链DNA；单链DNA；双链DNA；高

25. DNA聚合酶Ⅰ；5′→3′外切酶活性；一条有引物的单链DNA；基因32蛋白；单链DNA；引物；此单链DNA；某一顺序；氢键配对；3′端的未杂交部分；3′-OH端；单链DNA

26. 5′→3′聚合酶；单链和双链DNA 3′→5′外切酶；3′→5′外切酶；T7测序酶

27. 聚合速度；延续性；错误性的终止；很短的时间内；追加反应

28. 标记反应；双脱氧链末端终止的DNA

29. Zn^{2+}；76kDa；Klenow 片段；34kDa；模板专一性；底物专一性；人工合成的 RNA；核苷酸；无模板和引物

30. 聚合作用；模板；双链 DNA；单链 DNA 部分；单链空隙部分；100 个；单链结合蛋白（SSBP）；$3'\rightarrow5'$外切酶；$5'\rightarrow3'$外切酶；作用底物；2-脱氧核苷酸；不是

31. 分解；双链 DNA；单链 DNA；单链结合蛋白；$3'\rightarrow5'$；$5'\rightarrow3'$；$3'\rightarrow5'$；$5'$-单核苷酸；二核苷酸；$3'$端；一个；单链 DNA；双链区；DNA 复制

32. $5'$-CATATG-$3'$；回文序列

33. 260；OD_{260}/OD_{280}；1.8

三、判断题

1. √	2. ×	3. ×	4. √	5. ×
6. ×	7. ×	8. ×	9. √	10. ×
11. ×	12. ×	13. ×	14. √	15. ×
16. √	17. ×	18. √		

四、选择题

1. C	2. A	3. C	4. B	5. D
6. D	7. A	8. D	9. D	10. D
11. C	12. A	13. B	14. A	15. C
16. D	17. A	18. B	19. C	20. C
21. A	22. D	23. C	24. B	25. B

五、简答题

1. 答：当酶切反应系统中被切割的 DNA 样品确定后，为了完全切割此 DNA 样品，酶的用量视酶的催化活性而定。酶活性高的用量少，反之则多。某种限制性内切核酸酶的催化活性多数是根据该限制性内切核酸酶在最适反应条件下完全切割一定量 DNA 所需的最小酶量来定的。某种限制性内切核酸酶在最适反应条件下，60min 内完全切割 1μg λDNA 所需的酶活性定为 1 个酶活性单位（unit 或 U）。但是限制性内切核酸酶有效作用的不是 DNA 分子（片段）的全序列，而是其中特定的识别序列。因此，等量的两种 DNA 样品，由于含同种限制性内切核酸酶识别序列的密度不同，则用酶量也不同。密度大的用酶量多，密度小的用酶量少。

2. 答：某些限制性内切核酸酶在特定的条件下，可以在不是原来的识别序列处切割 DNA，这种现象称为星活性。星活性出现的频率因采用的限制性内切核酸酶、底物 DNA 和反应条件的不同而不同。几乎所有限制性内切核酸酶都具有星活性。为了避免产生星活性，即使降低酶的切割效率，也要尽可能排除产生星活性的条件。例如，降低反应系统中甘油含量，控制在 pH 中性和高盐浓度下进行反应。

3. 答：反转录酶的作用是以 dNTP 为底物，以 RNA 为模板，tRNA（主要是色氨酸 tRNA）为引物，在 tRNA $3'$-OH 端上，按 $5'\rightarrow3'$方向，合成一条与 RNA 模板互补的 DNA 单链，这条 DNA 单链叫做互补 DNA（complementary DNA，cDNA），它与 RNA 模板形成 RNA-DNA 杂交体。随后又在反转录酶的作用下，水解 RNA 链，再以 cDNA 为模板合成第二条 DNA 链。至此，完成由 RNA 指导的 DNA 合成过程。

4. 答：①以脱氧核苷酸三磷酸（dNTP）为前体催化合成 DNA；②需要模板和引物的存在；③不能起始合成新的 DNA 链；④催化 dNTP 加到生长（延伸）中的 DNA 链的 $3'$-OH 端；⑤催化 DNA 合成的方向是 $5'\rightarrow3'$。

5. 答：T4 噬菌体 Polymerase 可用于催化以下反应：DNA $5'$或 $3'$突出末端的平滑化；通过置换反应进行标记 DNA 探针合成；定点突变过程中第二条链的合成；不依赖于连接反应的 PCR 产物克隆。

6. 答：*E. coli* 中至少有 3 种依赖于甲基化的限制系统 mcrA、mcrBC 和 mrr，它们识别的序列各不相同，但只识别经过甲基化的序列，都限制由 CpG 甲基化酶（M SssI）作用的 DNA（限制即消化降解）。Mrr 限制 m6A；McrA 限制 *Hpa*Ⅱ甲基化修饰的位点；McrBC 切割两套半位点（G/A）mC，这两套位点之间间隔 2kb，最适为 55～103bp，需 GTP；大多数常用的 *E. coli* 都含这 3 个限制系统中的一个或几个，3 个都不限制 Dcm 修饰的位点。Mrr 不限制 Dam、*Eco*KⅠ、*Eco*RⅠ修饰的位点。

7. 答：真核生物细胞内存在两种甲基化酶活性：一种被称为日常型（mainte-nance）甲基转移酶，另一种是从头合成（denovo synthesis）甲基转移酶。前者主要在甲基化母链（模板链）指导下使处于半甲基化的 DNA 双链分子上与甲基胞嘧啶相对应的胞嘧啶甲基化。日常型甲基转移酶常常与 DNA 内切酶活性相偶联，有 3 种类型。Ⅱ类酶活性包括内切酶和甲基化酶两种成分，而Ⅰ类和Ⅲ类都是双功能酶，既能将半甲基化 DNA 甲基化，又能降解外源无甲基化 DNA。

8. 答：待连接的两种 DNA 片段中，如果 DNA 片段两端均为平末端，或者为互补黏性末端，则在 DNA 连接酶的作用下，部分 DNA 片段会自行连接环化，或连接成多聚体，影响待连接的两种 DNA 片段之间的连接效率。为避免这类现象的发生，在两种 DNA 片段连接之前，必须使其中一种 DNA 片段的 5′端由磷酸基团（—P）转变为 5′羟基（—OH）。此反应是在碱性磷酸酯酶催化下完成的，称为脱磷酸化作用。

9. 答：要注意星活性，先低盐，后高盐；先低温酶，后高温酶；并且可以直接在换酶前将第一种酶失活，再加第二种酶，否则，易产生星活性。或使用通用缓冲液。若先高盐或高温，会使需低盐或低温的酶失活，或产生星活性。

六、问答题

1. 答：限制性内切核酸酶的底物是双链 DNA 分子或片段，作用位点在识别序列上，但是限制性内切核酸酶的催化效率与 DNA 样品纯度、DNA 分子构型、识别序列两侧序列长短以及识别序列碱基甲基化等密切相关。

(1) DNA 纯度。在 DNA 样品中若含有蛋白质，或者制备过程中所用的乙醇、EDTA、SDS、酚、氯仿和某些高浓度金属离子没有去除干净，均会降低限制性内切核酸酶的催化活性，甚至使限制性内切核酸酶不起作用。因此，用于酶切的 DNA 样品应尽可能进行有针对性的纯化。万一受到条件限制，必须在 DNA 纯度不高的情况下进行切割，就需要增加酶的用量，扩大反应系统体积，延长反应时间和添加聚阳离子亚精胺。

(2) DNA 分子构型。限制性内切核酸酶切割线形 DNA 分子的效率明显高于切割超螺旋质粒 DNA 和环状病毒 DNA 的效率。

(3) 识别序列的侧面序列。大多数限制性内切核酸酶对只含识别序列的寡核苷酸是不具催化活性的，只有在识别序列两侧各延长一个或几个核苷酸后，才能被酶有效切割。同样的原因，在设计合成 PCR 引物时，若在 PCR 产物末端需要有某种限制性内切核酸酶的识别序列，则处于末端的识别序列的一侧应该有一个或几个“保护”的核苷酸。

(4) 位点偏爱。不仅侧面序列长短与限制性内切核酸酶的切割效率有关，而且发现侧面序列的核苷酸组成与切割效率也有关系。同样的识别序列，因为两侧的核苷酸不同，切割效率也会不同，这种与识别序列两侧的核苷酸组成有关的现象，称为位点偏爱。

(5) DNA 甲基化。用生物体制备的 DNA 样品，有些核苷酸的碱基往往被甲基化酶甲基化。一旦识别序列中的核苷酸被甲基化，就会影响限制性内切核酸酶的切割效率。

2. 答：原核生物甲基化酶是作为限制与修饰系统中的一员，用于保护宿主 DNA 不被相应的限制酶所切割。在 *E. coli* 中，大多数都有 3 个位点特异性的 DNA 甲基化酶。

(1) Dam 甲基化酶。Dam 甲基化酶可在

GATC序列中的腺嘌呤 N^6 位置上引入甲基。一些限制酶（*Pvu*Ⅱ、*Bam*HⅠ、*Bcl*Ⅰ、*Bgl*Ⅱ、*Xho*Ⅱ、*Mbo*Ⅰ、*Sau*3AⅠ）的识别位点中含GATC序列，另一些酶*Cla*Ⅰ（1/4）、*Xba*Ⅰ（1/16）、*Taq*Ⅰ（1/16）、*Mbo*Ⅰ（1/16）、*Hph*Ⅰ（1/16）的部分识别序列含此序列，如平均4个*Cla*Ⅰ位点（ATCGATN）中就有1个该序列。

有些限制酶对Dam甲基化的DNA敏感，不能切割相应的序列，如*Bcl*Ⅰ、*Cla*Ⅰ、*Xba*Ⅰ等。对甲基化不敏感的有*Bam*HⅠ、*Sau*3AⅠ、*Bgl*Ⅱ、*Pvu*Ⅰ等。*Mbo*Ⅰ和*Sau*3AⅠ识别和切割位点相同，但其差异就在于前者对甲基化敏感。

一般哺乳动物DNA不会在腺嘌呤 N^6 上甲基化，因此对甲基化敏感的限制酶切割这些DNA不会受到影响。当需要在这些敏感位点上完全切割DNA时，可利用Dam-*E. coli*扩增并提取DNA。

（2）Dcm甲基化酶。Dcm甲基化酶识别CCAGG或CCTGG序列，在第二个胞嘧啶C的 C^5 位置上引入甲基。受Dcm甲基化作用影响的酶有*Eco*RⅡ（↓CCWGG）。大多数情况下，其同裂酶*Bst*NⅠ（CC↓WGG）可避免这一影响，因为二者识别序列虽然相同，但酶切位点不同。

受此甲基化酶影响的酶还有*Acc*65Ⅰ、*Alw*NⅠ、*Apa*Ⅰ、*Eco*RⅡ和*Eae*Ⅰ等。不受此甲基化影响酶有*Ban*Ⅱ、*Bg*1Ⅰ、*Bst*NⅠ、*Kpn*Ⅰ和*Nar*Ⅰ等。

（3）*Eco*KⅠ甲基化酶。*Eco*KⅠ甲基化酶的识别位点少，识别AAC（N）^{6}GTGC和GCAC（N）6GTT序列中A的 N^6 位置。但因为识别位点少（1/8kb），所以研究较少。

（4）*Sss*Ⅰ甲基化酶。*Sss*Ⅰ甲基化酶来自原核生物*Spiroplasma*，可使CG序列中的C在 C^5 位置上甲基化。甲基化的模板可以是甲基化或半甲基化链（新合成链）的DNA链。*Sss*Ⅰ甲基化的DNA受*E. coli*中mcrA、mcrBC、mrr系统的限制。许多酶对此甲基化敏感，如*Aat*Ⅱ、*Cla*Ⅰ、*Xho*Ⅰ、*Sal*Ⅰ等，也有不敏感的，如*Bam*HⅠ、*Eco*RⅠ、*Sph*Ⅰ和*Kpn*Ⅰ。

3. 答：（1）修饰酶切位点。*Hinc*Ⅱ可识别4个位点（GTCGAC、GTCAAC、GTTGAC和GTTAAC），甲基化酶M. *Taq*Ⅰ可甲基化TCGA中的A，所以M. *Taq*Ⅰ处理DNA后，GTCGAC将不受*Hinc*Ⅱ切割。

M. *Msp*Ⅰ修饰的产物为m5CCGG，在*Bam*HⅠ识别位点（GGATCC）前面如果为CC或后面为GG，那么经M. *Msp*Ⅰ处理的DNA（GGAT m5CCGG）对*Bam*HⅠ不敏感（抵抗切割）。

构建DNA文库时，用*Alu*Ⅰ（AG↓CT）和*Hae*Ⅲ（GG↓CC）部分消化基因组DNA后，将得到的片段用M. *Eco*RⅠ甲基化酶处理，然后加上合成的*Eco*RⅠ接头，再用*Eco*RⅠ来切割时只有接头上的位点可被切割，从而保护基因组片段。

（2）产生新的酶切位点。通过甲基化修饰可产生新的酶切位点。*Dpn*Ⅰ是依赖甲基化的限制酶，TCGATCGA受M. *Taq*Ⅰ处理后形成甲基化（A）产物TCG* ATCG* A，其中G* ATC即为*Dpn*Ⅰ位点。

（3）对基因组作图的影响。在研究哺乳动物m5CG、植物m5CG和m5CNG、肠道细胞Gm6ATC的甲基化水平和分布时，利用限制酶对甲基化的敏感性差异，大有作为。

4. 答：大多数反转录酶都具有多种酶活性，主要包括以下几种活性。①DNA聚合酶活性：以RNA为模板，催化dNTP聚合成DNA的过程。此酶需要RNA为引物，多为色氨酸的tRNA，在引物tRNA的3′端以5′→3′方向合成DNA。反转录酶中不具有3′→5′外切酶活性，因此没有校正功能，所以由反转录酶催化合成的DNA出错率比较高。②RNase H活性：由反转录酶催化合成的cDNA与模板RNA形成的杂交分子，将由RNase H从RNA的5′端水解掉RNA分子。③DNA指导的DNA聚合酶活性；以反转录合成的第一条DNA单链为模板，以dNTP为底物，再合成第二条DNA分子。除此之外，有些反转录酶还有DNA内切酶活性，这可能与病毒基因整合到宿主细胞染色体DNA中有关。反转录酶的发现对于遗传工程技术起了很大的推动作用，目前它已成为一种重要的工具酶。用组织细胞提取mRNA并以它为模板，在反转录酶的作用下，合成出互补的DNA（cDNA），由此可构建出cDNA文库（cDNA library），从中筛选特异的目的基因，这是在基因工程技术中最常用的获得目的基因的方法。

5. 答：原理：在很窄的pH范围内（pH 12～12.5），线形DNA会发生变性，而共价闭合环状DNA（covalently closed circular DNA，ccc-DNA DNA）不会变性。

溶液1中葡萄糖和Tris-HCl起到pH缓冲液的作用，而EDTA起到螯合金属离子的作用。溶液2中SDS能够破坏细菌的细胞壁并将细胞内的蛋白质变性，NaOH的加入使溶液pH达到12.5左右，染色体DNA发生变性；溶液3的加入使得溶液的pH回到中性，大量的染色体DNA聚集成不可溶的网状，而高浓度的NaAc又使得SDS变性的蛋白质复合物和高分子质量的RNA形成沉淀，经过离心作用，最终将染色体DNA、SDS变性的蛋白质、高分子质量的RNA 3种交织在一起，被沉淀下来，而质粒DNA仍然留在溶液中。

6. 答：部分酶切是指选用的限制性内切核酸酶对其在DNA分子上的全部识别序列进行不完全的切割。导致部分酶切的原因有底物DNA的纯度低、识别序列的甲基化、酶用量的不足以及反应缓冲液和温度不适宜等。反应时间不足也会导致酶切不完全，利用不同酶切时间，进行部分酶切分析：40μL酶切反应体系，含有4μg DNA，4μL 10×限制酶切缓冲液，0.5μL限制性内切核酸酶，混合均匀并且开始计时。取4个0.5mL的Eppendorf管，分别标记为0、10、20、30。向每管中加入3μL酶切反应终止液。计时0min时，取10μL加到0号管；计时10min时，取10μL加到10号管；计时20min时，取10μL加到20号管；计时30min时，取10μL加到30号管。分别将上述4个Eppendorf管，进行琼脂糖凝胶电泳分析。从电泳结果中，回收所需的目的片段，进行下一步的克隆。

7. 答：核酸酶（nuclease）是以核酸为底物，催化磷酸二酯键水解的一类酶。由于其催化的反应都是使磷酸二酯键水解，故核酸酶属于磷酸二酯酶。根据核酸酶作用的位置不同，可将核酸酶分为外切核酸酶和内切核酸酶。

（1）外切核酸酶：有些核酸酶能从DNA或RNA链的一端逐个水解下单核苷酸，所以称为外切核酸酶。只作用于DNA的外切核酸酶称为外切脱氧核糖核酸酶，只作用于RNA的外切核酸酶称为外切核糖核酸酶；也有一些外切核酸酶可以作用于DNA或RNA。外切核酸酶从3′端开始逐个水解核苷酸，称为3′→5′外切酶，水解产物为5′核苷酸；外切核酸酶从5′端开始逐个水解核苷酸，称为5′→3′外切酶，水解产物为3′核苷酸。

（2）内切核酸酶：内切核酸酶催化水解多核苷酸内部的磷酸二酯键。有些内切核酸酶仅水解5′磷酸二酯键，把磷酸基团留在3′位置上，称为5′内切核酸酶；而有些仅水解3′-磷酸二酯键，把磷酸基团留在5′位置上，称为3′内切核酸酶。还有一些内切核酸酶对磷酸酯键一侧的碱基有专一要求。

8. 答：部分酶切是指选用的限制性内切核酸酶对其在DNA分子上的全部识别序列进行不完全的切割。它的理论依据是酶切速度是不均衡的。导致部分切割的原因有底物DNA的纯度低、识别序列的甲基化、酶用量的不足以及反应缓冲液和温度不适宜等。反应时间不足也会导致酶切不完全。部分酶切会影响获得需要的DNA片段的得率。但是从另外一方面说，根据DNA重组设计的需要，专门创造部分酶切的条件，可以获得需要的DNA片段。当某种限制性内切核酸酶在待切割的DNA分子上有多个识别序列，并且其中一个识别序列正好在切割后需要回收待用的DNA片段上，若完全酶切，势必将此待用的DNA片段从中切断。在此情况下，对DNA样品进行部分酶切，经过凝胶电泳，根据待用DNA片段的大小，可回收待用的DNA片段。部分酶切可以采取的措施有：减少酶量，缩短反应时间，增大反应体系。

9. 答：双酶切的两种限制性内切核酸酶可以先后分别在不同的反应系统中切割DNA样品。采用这种方法，应先用需要较低盐浓度缓冲液的酶进行切割，然后调节缓冲液的盐浓度，再加入需要较高盐浓度缓冲液的酶进行切割。如果两种限制性内切核酸酶的最适反应温度不同，则应先用最适反应温度较低的酶进行切割，升温后再加入第二种酶进行切割。若两种限制性内切核酸酶的反应系统相差很大，会明显影响双酶切结果，则可以在第一种酶切割后，经过凝胶电泳回收需要的DNA片段，再选用合适的反应系统，进行第二种限制性内切核酸酶的切割。如果最适反应温度高的那种限制性内切核酸酶的热稳定性强，则两种酶同时加入反应系统，待最适反应温度低的那种限制性内切核酸酶完全切割后，升温至第二种酶的最适反应温度，完成第二种酶的完全切割。

10. 答：(1)

```
—GGATCC—  酶Ⅰ切割
—CCTAGG—  ————→

—G    GATCC—
—CCTAG    G—
```

(2)

```
—GATC—…—GATC—  酶Ⅱ切割
—CTAG—…—CTAG—  ————→

—GATC—…—    GATC—
—CTAG    —…—CTAG—
```

(3) 可以连接，因为由两种限制性内切核酸酶切割后形成的黏性末端是相同的（或可以互补配对）。

第三章 基因克隆载体

重点提示：基因克隆载体的含义（掌握），质粒组成与构型（掌握），质粒DNA的复制（掌握），质粒的不亲和性（了解），质粒迁移（了解），显性质粒和隐蔽质粒（了解），TA克隆载体（熟悉），病毒（噬菌体）克隆载体（掌握），λ噬菌体克隆载体（掌握），重组λDNA分子的体外包装（掌握），cosmid克隆载体的特征（熟悉），M13 DNA（熟悉），烟草花叶病毒（TMV）克隆载体（了解），SV40-DNA的复制和SV40的增殖（了解），腺病毒的一般生物学特性（了解），腺病毒克隆载体的构建和应用（了解），痘苗病毒的生物学性质（了解），染色体定位整合克隆载体（掌握），人工染色体克隆载体的特点，构建及其应用（掌握），启动子探针型克隆载体（了解），诱导型表达克隆载体（了解），反义表达克隆载体（了解），组织特异性表达克隆载体（了解），分泌型表达克隆载体（了解），双启动子表达克隆载体（了解），串联启动子表达克隆载体（了解），含增强子表达克隆载体（了解）。

【核心概念】

1. 基因克隆载体（gene vector）：又称为DNA克隆载体，是指通过不同途径能将承载的外源DNA片段（基因）带入受体细胞，并在其中得以维持的DNA分子称为基因克隆载体或DNA克隆载体。

2. 质粒（plasmid）：是独立于染色体以外的能自主复制的双链闭合环状DNA分子。在基因工程中质粒常被用做基因的载体。

3. 质粒克隆载体（plasmid vector）：是以质粒DNA分子为基础构建而成的克隆载体。

4. 病毒（噬菌体）克隆载体［virus（phage）vector］：是以病毒DNA或cDNA分子为基础构建而成的克隆载体。

5. 噬菌体（phage）：是感染细菌、真菌、放线菌或螺旋体等微生物的病毒的总称，因部分能引起宿主菌的裂解，故称为噬菌体。

6. 穿梭质粒载体（shuttle plasmid vector）：是指一类人工构建的具有两种不同复制起点和选择标记，因而可以在两种不同类群宿主中存活和复制的质粒载体。

7. 严紧型质粒（stringent plasmid）：拷贝数少（只有1至数个拷贝）的质粒称为严紧型质粒。

8. 松弛型质粒（relaxed plasmid）：拷贝数多（10个拷贝以上）的质粒称为

松弛型质粒。

9. 接合型质粒（conjugative plasmid）：除了具有一般质粒的特点外，还含有一套控制细菌配对和质粒转移的基因（*tra* 基因）的质粒称为接合型质粒。

10. 显性质粒（dominant plasmid）：能够使宿主细胞呈现新的性状或表型的质粒称为显性质粒。

11. 隐蔽质粒（cryptic plasmid）：没有使宿主细胞呈现出新的性状或表型的质粒称为隐蔽质粒。

12. 酵母人工染色体（yeast artificial chromosome，YAC）：一种大容量的克隆载体。它能够如同染色体一样在酵母中正常地复制，并可以克隆长达数百 kb 的大片段外源 DNA。

13. 柯斯质粒（cosmid）：是质粒载体的衍生物。它具有质粒的一般特征，如分子质量小，含有 DNA 复制起始点和抗生素选择标记，可以在大肠杆菌中自行复制等，同时此类质粒含有 λ 噬菌体 DNA 的黏末端的核苷酸片段。

14. 诱导型表达克隆载体（inducible expression vector）：诱导型表达克隆载体是指启动子必须在特殊的诱导条件下才有转录活性或比较高的转录活性的表达克隆载体。外源基因处于这样的启动子下，必须在合适的诱导条件下才能表达。

15. 反义表达克隆载体（antisense expression vector）：反义表达克隆载体是指利用人工合成或重组的与靶基因互补的一段反义 DNA 或 RNA 片段，特异性地与靶基因结合，并达到封闭其表达目的的克隆载体。

16. 分泌性表达克隆载体（secretory expression vector）：是指通过信号肽序列，将在受体细胞内表达的外源蛋白有效地分泌到细胞膜外，达到简化表达产物纯化过程的克隆载体。

17. 温控质粒载体（temperature-controlled plasmid vector）：是一类温度敏感型复制控制质粒。

18. 插入失活型质粒载体（insertional inactivation plasmid vector）：载体的克隆位点位于其某一个选择性标记基因内部。

19. 正选择的质粒载体（direct selection vector）：只有带有选择标记基因的转化菌细胞才能在选择培养基上生长的质粒载体。目前通用的绝大部分质粒载体都是正选择载体。

20. 表达型质粒载体（expression plasmid vector）：主要用来使外源基因表达出蛋白质产物的质粒载体。

21. 质粒的不亲和性（plasmid incompatibility）：是指在没有选择压力的情况下，两种亲缘关系密切的不同质粒，不能够在同一寄主细胞中稳定共存的现象。

【知识要点】

一、基因克隆载体的含义

在基因工程操作中，把能携带外源DNA进入受体细胞的DNA分子称为载体。基因克隆载体在基因工程中占有十分重要的地位。目的基因能否有效地转入受体细胞，并在其中维持和高效表达，在很大程度上取决于克隆载体。基因工程是随着克隆载体系统的建立发展起来的。

作为克隆载体一般应具备以下条件：①有一段多克隆位点：必须含有允许外源DNA片段（基因）组入的合适克隆位点，并且这样的克隆位点应尽可能有多个，而且外源DNA插入其中不影响载体的复制。②能在受体细胞内复制：克隆载体应能携带外源DNA（基因）进入受体细胞，或能在受体细胞中自我复制；或能整合到受体细胞染色体DNA上随染色体DNA的复制而同步复制。③有选择性标记：克隆载体必须含有供选择用的标记基因，用以筛选阳性克隆子。④克隆载体必须是安全的：载体不应含有对受体细胞有害的基因，并且不会任意转入除受体细胞以外的其他生物的细胞，尤其是人的细胞。⑤容易从宿主细胞中分离纯化。

从构建克隆载体的DNA来源分类，有质粒克隆载体、病毒或噬菌体克隆载体、质粒DNA与病毒或噬菌体DNA组成的克隆载体以及质粒DNA与染色体DNA片段组成的克隆载体等。从应用范围看，有表达型克隆载体、启动子探针型克隆载体和cDNA克隆载体等。由于不同生物门类的细胞中控制DNA复制和基因表达的机制稍有不同，所以又可以从应用对象上分为原核生物克隆载体、植物克隆载体和动物克隆载体等。

二、质粒克隆载体

质粒是独立于染色体以外的能自主复制的双链共价闭合环状DNA分子，存在于细菌、霉菌、蓝藻、酵母等细胞中。它的两条链都保持完整的环状结构，通常呈超螺旋状，分子大小为1～200kb。质粒上编码的基因较少，如有抗生素抗性基因、代谢特征性基因等，进入宿主细胞后能赋予宿主细胞一些额外的特性。

严紧型质粒的复制随细菌染色体的复制同步进行，拷贝数少，只有几份拷贝，而松弛型质粒独立于细菌细胞而自主复制，拷贝数多，通常有几十乃至几千份拷贝。

质粒有时表现出不亲和性（incompatibility）。质粒的不亲和性是指在没有选择压力的情况下，两种亲缘关系密切的不同质粒，不能够在同一寄主细胞中稳定共存的现象。质粒不亲和性的分子基础主要是它们在复制功能之间的相互干扰造成的，包括：①负反馈调节。大多数质粒产生可控制质粒复制的阻遏蛋白质，其数量与细胞中质粒拷贝数成正比。在质粒拷贝数少的情况下，细胞中阻遏蛋白亦相对降低，于是阻遏蛋白与质粒 DNA 中靶序列相互作用，使之发生复制。随着质粒 DNA 复制的进行，质粒拷贝数增加，于是所编码产生的阻遏蛋白也就随之增多。细胞中阻遏蛋白浓度增多，会形成二聚体，于是失去与质粒 DNA 结合并促使其发生复制的能力。结果质粒复制停止，即质粒拷贝数是受阻遏蛋白的负反馈调节。②同一个细胞含两种相容质粒。由于这两种相容质粒亲缘关系远，故它们所产生的阻遏蛋白质就不会互相影响，于是这两种质粒在同一细胞中都保持着自己的正常拷贝数，表现出相容性。③同一细胞含两种不相容的质粒。若两种质粒亲缘关系密切，它们所产生的阻遏蛋白不仅影响自身质粒 DNA 复制，还会彼此影响对方质粒 DNA 的复制。这就出现了两种阻遏蛋白联合调控质粒复制速率的现象。质粒拷贝数控制体系无法辨别这两种不相容性质粒，只是随机地选择其中一种进行复制。于是出现拷贝数偏差。两种不相容质粒往往拷贝数不相当，其中高拷贝数的对复制抑制剂的敏感性较低拷贝数的要差一些。因此在复制抑制剂（阻遏蛋白）浓度低的情况下，高拷贝质粒仍可复制，从而最终使低拷贝质粒被淘汰。

质粒克隆载体是以质粒 DNA 分子为基础构建而成的克隆载体，主要用于原核生物和植物的基因转移以及建立基因组文库和 cDNA 文库。

从不同角度划分质粒载体，通常有：高拷贝数的质粒载体、低拷贝数的质粒载体、温控的质粒载体、插入失活型质粒载体、正选择的质粒载体、表达型质粒载体和穿梭质粒载体等。

目前通用的绝大部分质粒克隆载体都是正选择载体。不带有抗生素抗性基因的受体菌不能在含有抗生素的培养基（选择培养基）中生长。当带有抗生素抗性基因的载体进入受体菌后，受体菌才能生长。高拷贝数的质粒载体适合大量增殖克隆基因或需要表达大量的基因产物，而低拷贝数的质粒载体虽然不适合大量扩增 DNA 用，但有特殊用途，如有些被克隆的基因的表达产物过多时会严重地影响寄主菌的正常代谢活动，导致寄主菌死亡，这时就需要低拷贝的载体。

穿梭载体是人工构建的、具有两种不同复制起点和选择标记，可以在两种不同的寄主细胞中存活和复制的质粒载体。穿梭载体的优点是能利用大肠杆菌进行基因克隆、表达，也能利用其他细胞系统（酵母、枯草杆菌、哺乳动物细胞等）进行基因表达。它可以自如地在两种不同寄主细胞之间来回转移基因。

三、病毒（噬菌体）克隆载体

病毒（噬菌体）克隆载体是以病毒 DNA 或 cDNA 分子为基础构建而成的克隆载体。病毒主要由 DNA（或 RNA）和外壳蛋白组成，经包装后成为病毒颗粒。通过感染，病毒颗粒进入宿主细胞，利用宿主细胞的合成系统进行 DNA（或 RNA）的复制和外壳蛋白质的合成，实现病毒颗粒的增殖。人们利用这些性质构建了一系列分别适用于不同生物的病毒克隆载体。

把专门感染细菌的病毒称为噬菌体，由此构建的克隆载体称为噬菌体克隆载体。根据与宿主的关系，可以把噬菌体分为烈性噬菌体（virulent phage）和温和噬菌体（temperate phage）。烈性噬菌体感染细菌后立即在菌体内复制和合成蛋白质外壳，重新组装成噬菌体颗粒，并导致细菌细胞解体，释放出大量子代噬菌体。温和噬菌体感染细菌后，将自己的 DNA 整合到细菌的染色体 DNA 中，称为原噬菌体，随细菌的染色体复制而复制。

1. 单链噬菌体载体

M13 噬菌体是单链的丝状大肠杆菌噬菌体，内有一单链环状 DNA 分子（ssDNA），其复制型是双链环状 DNA（RF dsDNA）。复制型双链环状 DNA 和单链环状 DNA 都能转染感受态大肠杆菌，因此所构建的 M13 噬菌体克隆载体，或是组入了外源 DNA 片段的重组 M13 DNA 分子，不必进行体外包装就可以直接转入大肠杆菌。RF dsDNA 在寄主细胞内以高拷贝形式存在，成熟的噬菌体里只包装有＋DNA（正链 DNA），也容易提取。M13 噬菌体不存在包装限制，可产生大量的含有外源 DNA 插入片段的单链分子，便于做探针或测序。

2. 双链噬菌体载体

λ 噬菌体克隆载体是一种双链噬菌体载体，大小为 48～49kb，在两端有约 12bp 的黏性末端（cos 位点），可以环化。λDNA 进入细菌体内后，可形成双链环状复制型 DNA。λDNA 质粒载体直接转化细菌时效率远比质粒低，必须利用噬菌体外壳装配成噬菌体颗粒，才能高效地感染细菌，把重组 DNA 注入受体菌中。λDNA 载体的优点是比一般的质粒载体的容量大得多，尤其用于真核生物基因组文库的建立时有优势。

3. 噬菌粒载体

噬菌粒载体是由质粒载体与单链噬菌体载体的复制起点结合而成的系列载体，有两种复制形式：既具有质粒的复制起点，又具有噬菌体的复制起点，因此，既能在大肠杆菌中以质粒的形式进行双链复制，又能在噬菌体内进行单链复制。

噬菌粒载体中较多见的是 TA 载体（pCR 系列载体），它是 Invitrogen 公司开发的线性噬菌粒载体，由 pUC 系列质粒部分、fi 噬菌体 ori 和抗生素抗性基因组成，在多克隆位点（MCS）的中部已经切开，各有一个 3′端突出的 T。TA 载体是 PCR 产物的克隆载体。PCR 产物往往在 3′端突出一个 A，所以能与这个载体直接连接。

4. 柯斯质粒载体（黏粒）

柯斯质粒（cosmid）克隆载体是质粒载体的衍生物，由 λ 噬菌体克隆载体的 cos 序列和控制包装的序列以及 pBR322 质粒的复制子，抗药性基因和几个限制性酶的单一位点组成，为 4～6kb。cosmid 克隆载体结合了质粒克隆载体和 λ 噬菌体克隆载体的优点，具有质粒的一般特征如分子质量小，含有 DNA 复制起始点和抗生素选择标记，可以在大肠杆菌中自行复制等，同时此类质粒含有 λ 噬菌体 DNA 的黏末端的核苷酸片段。cosmid 克隆载体的特点包括：①具有 λ 噬菌体的特性在寄主细胞内形成环化 DNA（但不能形成新的噬菌体颗粒而溶菌）。克隆外源 DNA 后可以体外包装成噬菌体颗粒。②具有质粒克隆载体的特性，能像质粒一样复制。③有较大的容量，最高容量可达 45kb。应用 cosmid 载体在大肠杆菌中可克隆大片段的真核基因组 DNA，称为“柯斯克隆”（cosmid cloning）。当柯斯质粒接纳了足够大的外源 DNA 片段，形成 λ 噬菌体 DNA 分子大小相近的重组体时，它可利用载体上特异 *cos* 位点结构在体外包装成类似噬菌体的颗粒，这种颗粒具有转染细菌的能力。重组 DNA 进入大肠杆菌宿主细胞后，由于柯斯质粒本身不具有 λ 噬菌体 DNA 复制时所必需的基因，故不能按 λ 噬菌体 DNA 的复制方式繁殖，仍只能按质粒 DNA 的方式进行复制。

5. 病毒载体

烟草花叶病毒（TMV）能在侵染植物细胞中大量积累，具有作为表达克隆载体的潜力。TMV 是一种复制量和外壳蛋白质的表达量都很高的病毒，它具有寄主范围广，并能在整株植物上快速扩散的特点。

SV40（猿猴空泡病毒 40）是一种含 DNA 的病毒，能感染猿、猴等哺乳动物，是用于构建哺乳动物基因克隆载体的少数病毒之一。SV40-DNA 是双链闭环 DNA 分子，其进入敏感的动物细胞后，脱去外壳，DNA 进入细胞核。首先启动早期转录，在细胞质中翻译产生 t 抗原和 T 抗原。当细胞内这两种抗原积累到足够数量时，DNA 开始复制，同时启动晚期转录，翻译产生壳蛋白质，将 DNA 包装成病毒颗粒。由于 SV40-DNA 不会插入染色体 DNA，因此 SV40 导致细胞癌变的可能性极小，对人是相对安全的。

腺病毒含有一个线形双链 DNA 分子（Ad-DNA）。从成熟的病毒颗粒中分离的 DNA 具有传染性。当 Ad-DNA 从病毒颗粒中释放出来时，会自行环化。由于人腺病毒具有易感染性、宿主范围广、毒性低、使用安全、可容纳大的外源 DNA 片段（基因）以及外源 DNA 片段（基因）不会整合到宿主细胞染色体 DNA 上等特性，因此人腺病毒的 DNA 是一种构建基因克隆载体很好的材料，腺病毒克隆载体成为基因转移中最有前途的克隆载体之一。腺病毒能表达肿瘤抑制基因、反义癌基因和自杀基因，能有效消除肿瘤。因此，腺病毒克隆载体可广泛用于肿瘤的基因治疗。

痘苗病毒基因组是两端为倒置重复序列的线形双链 DNA 分子，构建的多种痘苗病毒克隆载体已被广泛地用于表达外源基因，其特点是：①表达的产物具有与天然产物相近的生物活性和理化性质，较原核以及酵母体系表达产物更接近天然。②重组痘苗病毒具有较好的免疫原性。③外源基因的插入量大。④宿主细胞广泛。⑤表达产物可以进行各种翻译后修饰、无需佐剂就可刺激机体产生体液免疫和细胞免疫、纯化过程相对简单、产物对外界环境相对稳定以及易于保存运输。⑥利用痘苗病毒系统表达的外源目的基因在实验动物中可提供保护性免疫反应。

四、染色体定位整合克隆载体

染色体定位整合克隆载体顾名思义是可以将外源DNA片段定点整合到宿主染色体上的克隆载体，除了含有一般质粒克隆载体必须具备的元件外，还必须含有一个或两个与整合位点侧翼DNA序列同源的DNA片段，而且同源DNA片段的长度最好在1kb以上。定位整合克隆载体携带的外源DNA片段进入受体细胞后，通过同源DNA片段之间的交换重组，把外源DNA片段整合到受体细胞染色体的特定位点（区域），外源DNA片段便可随着受体细胞染色体DNA的复制而复制，从而改变了受体细胞的遗传特性。

染色体定位整合克隆载体的优势主要是能够克服转基因生物种外源DNA的不稳定性和外源DNA插入染色体DNA位点随机性带来的负面效应。染色体定位整合克隆载体主要应用于基因打靶或基因定位同源重组。

五、人工染色体克隆载体

人工染色体克隆载体实际上是一种“穿梭”克隆载体，含有质粒克隆载体所具备的第一受体（大肠杆菌）源质粒复制起始位点（*ori*），还含有第二受体（如酵母菌）染色体DNA着丝点、端粒和复制起始点的序列，以及合适的选择性标记基因。

人工染色体克隆载体可以按不同的目的（如按质粒复制，按染色体DNA复制）转化不同的受体细胞，筛选第一受体（如大肠杆菌）的克隆子一般采用抗生素抗性选择标记；而第二受体（如酵母菌）的克隆子，常用营养缺陷型进行筛选。与其他的克隆载体相比，人工染色体克隆载体可容纳的外源DNA片段较大，可达1000kb，甚至3000kb。人工染色体克隆载体主要应用于构建基因组文库、基因治疗和基因功能鉴定。

在人工染色体克隆载体中，启动子探针型克隆载体、诱导型表达克隆载体、反义表达克隆载体、组织特异性表达克隆载体、分泌型表达克隆载体、双启动子表达克隆载体、串联启动子表达克隆载体、含增强子表达克隆载体是基因工程中常用的人工染色体克隆载体，了解这些有特色用途的克隆载体的使用及特点也是必要的。

酵母人工染色体克隆载体是最早构建成功的人工染色体克隆载体，其特点是：①只能在酵母细胞中扩增。②克隆容量大，为230～1700kb。③构建原理，按染色体结构构建。YAC能够如同染色体一样在酵母中正常地复制，并可以克隆长达数百 kb 的大片段外源 DNA。YAC 载体是以 pBR322 质粒 DNA 为骨架构建的，带有该质粒的复制位点 *ori* 和筛选标记 Amp^r，此外还加入作为酵母染色体所必需的一些组分：一段控制酵母 DNA 复制的自主复制序列；一段来自酵母的染色体的着丝粒序列；一段酵母的端粒序列；酵母营养缺陷型选择性标记；克隆位点。

【试题精选】

一、名词解释

1. 质粒（plasmid）
2. 基因克隆载体（gene cloning vector）
3. 质粒克隆载体（plasmid vector）
4. 病毒（噬菌体）克隆载体［virus（phage）vector］
5. 噬菌体（phage）
6. 显性质粒（dominant plasmid）
7. 隐蔽质粒（cryptic plasmid）
8. 穿梭质粒载体（shuttle plasmid vector）
9. 严紧型质粒（stringent plasmid）
10. 松弛型质粒（relaxed plasmid）
11. 接合型质粒（conjugative plasmid）
12. 酵母人工染色体（yeast artificial chromosome，YAC）
13. 柯斯质粒（cosmid）
14. 诱导型表达克隆载体（inducible expression vector）
15. 反义表达克隆载体（antisense expression vector）
16. 组织特异性表达克隆载体（tissue-specific expression cloning vector）
17. 分泌性表达克隆载体（secretory expression vector）
18. 串联启动子表达克隆载体（tandem promoter expression cloning vector）
19. 温控质粒载体（temperature-controlled plasmid vector）
20. 插入失活型质粒载体（insertional inactivation plasmid vector）
21. 正选择的质粒载体（direct selection vector）
22. 表达型质粒载体（expression plasmid vector）

二、填空题

1. 人工染色体克隆载体实际上是一种“穿梭”克隆载体，可以按不同的目的转化不同的受体细胞，筛选第一受体（如大肠杆菌）的克隆子一般采用________选择标记；而第二受体（如酵母菌）的克隆子，常用________进行筛选。

2. 常用的人工染色体克隆载体包含染色体________、________、________以及________。

3. 人工染色体克隆载体主要应用于____________，____________和____________。

4. 常用的启动子探针标记有________和________。

5. 启动子探针型克隆载体是一种________、________、________的分离基因启动子的工具。

6. 启动子探针型克隆载体除了质粒克隆载体必备的________外，还必须含有________。

7. 绿色荧光蛋白是一种单体发光蛋白，受________ nm 近紫外线或________ nm 蓝色光激发后，能发出波长为________ nm 的绿色荧光。

8. ________基因可催化________和其他氨基糖苷类抗生素氨基己糖上的________发生依赖于 ATP 的磷酸化，使这些抗生素不能再进入细胞并与 30S 核糖体亚单位结合而导致 mRNA 错译。

9. 卡那霉素杀灭细胞的原理是进入细胞并与其________结合而导致 mRNA 错译。

10. *MT* 基因的启动子序列中含有多个________和________，这些调控单元相互间的协调作用是 *MT* 高效表达和多因素诱导的基础。

11. 目前常用的组织特异性克隆有：____________、____________以及____________等。

12. 处于 PR 启动子调控的基因在较高温度的诱导下，通常会促进表达产物形成________，有利于防止重组蛋白被 *E. coli* 蛋白酶降解。

13. 将________及________两种启动子集于同一表达克隆载体，便于研究较高及较低的不同温度诱导条件下，重组蛋白在大肠杆菌中表达、降解以及折叠的情况。

14. 拷贝数少（只有一至数个拷贝）的质粒称为________，拷贝数多（10 个拷贝以上）的质粒称为________。

15. 含 *tra* 基因的质粒称为________。

16. cosmid 克隆载体结合了________和________的优点。

17. YAC 的最大容载能力是________，BAC 的最大容载能力是________。

18. λ 噬菌体有两种生长途径，即________生长途径和________生长途径。

19. 能够使宿主细胞呈现新的性状的质粒称为________，没有可检测表型的质粒称为________。

20. λ 噬菌体由________和________组成。

21. 在受体细胞内的 M13 DNA 主要以________的形式存在，释放到细胞外的噬菌体颗粒中则以________的形式存在。

22. CaMV 由________、________和一个________组成。

23. 病毒根据其遗传物质的不同可以分为________和________两大类。

24. pPKE2 是一种适用于________的强克隆表达载体。

25. 质粒的状态不同，在琼脂糖凝胶电泳中的迁移率也不同，其中________最快，________居中，________最慢。

26. 就克隆一个基因来说，最简单的质粒载体也必须包括 3 个部分：__________，____________和____________。

27. 野生型的 λ 噬菌体 DNA 不宜作为基因工程载体，原因是：__________，____________和____________。

28. 相同分子质量的 DNA 可有 3 种环化程度不同的结构形式，其电泳速度由高到低的顺序是________，________，________。

29. M13mp 载体系列与 pUC 载体系列的相同之处是____________________。

三、判断题

1. 启动子探针型克隆载体的一个重要功能是对此种克隆载体转化的宿主细胞进行筛选。（　　）

2. 人工染色体克隆载体能承载 5000kb 以上的外源 DNA 片段。（　　）

3. 目前，二价金属离子、红光、热、干旱等不同的培养条件都可以成为表达克隆载体的诱导因素。（　　）

4. 翻译表达克隆载体技术已经成为基因治疗的重要手段。（　　）

5. 当翻译表达克隆载体导入靶细胞后，就可转录出与致病基因 mRNA 互补的反义 RNA，特异性地封闭治病基因的表达。（　　）

6. 利用 YAC 构建的基因组文库不能达到 cosmid 构建的文库覆盖率。（　　）

7. 启动子探针型克隆载体是一种有效、经济、快速分离基因启动子的工具。（　　）

8. 人工染色体克隆载体实际上是一种“穿梭”克隆载体。（　　）

9. 一个质粒就是一个 DNA 分子。（　　）

10. 迄今发现的所有质粒 DNA 都是环状的。（　　）

11. 不同的质粒一定不能共存于同一细胞之中，这种性质称为质粒的不相容性。（　　）

12. pBR322 质粒的四环素抗性来源于 pSC101。（　　）

13. pBR322 是第一个作为重组 DNA 载体的质粒。（　　）

14. M13 噬菌体含有一个双链环状的 DNA 分子。（　　）

15. YEP24 是一种只能在酵母菌中复制的克隆载体。（　　）

16. λ 噬菌体的 DNA 是一个单链环状的 DNA 分子。（　　）

17. M13 DNA 基因间隔区的核苷酸序列发生突变，将影响 M13 DNA 的复

制。(　　)

18. 制备的M13 DNA只能以双链DNA（RF-DNA）的形式才能转染大肠杆菌。(　　)

19. 反转录病毒都是RNA病毒。(　　)

20. 劳斯肉瘤病毒（RSA）含有两条互补的38S RNA链。(　　)

21. Ti质粒是一种双链环状的DNA分子。(　　)

四、选择题

1. 人工染色体可以应用于：(　　)。(多项)

A. 构建基因组文库　　B. 染色体的定位

C. 基因治疗　　D. 基因功能鉴定

2. 常用的人工染色体克隆载体包含染色体DNA的哪些部分？(　　)(多项)

A. 端粒（TEL）　　B. DNA复制起点（ARS）

C. 着丝粒（CEN）　　D. 选择标记基因序列

3. 卡那霉素的抗菌作用机理为进入靶细胞并与哪个细胞器结合导致mRNA错译？(　　)

A. 高尔基体　　B. 18S核糖体　　C. 30S核糖体　　D. 内质网

4. 绿色荧光蛋白是一种单体发光蛋白，受396nm近紫外线或470nm蓝色光激发后，能发出最大波长为多少纳米的绿色荧光？(　　)

A. 508nm　　B. 510nm　　C. 515nm　　D. 520nm

5. *MT*基因的启动子序列中含哪些关键部件，这些调控单元相互间的协调作用是*MT*高效表达和多因素诱导的基础？(　　)(多项)

A. *cpc*2启动子部件　　B. *TPS*基因部件

C. 金属调控部件　　D. 激素控制部件

6. 目前常用的组织特异性克隆有(　　)。(多项)

A. 乳腺组织特异性表达克隆载体　　B. 肿瘤细胞特异性表达克隆载体

C. 神经组织特异性表达克隆载体　　D. 组织特异性表达克隆载体

7. 反义核酸技术是目前人工干预基因表达的一项重要技术，它的主要原理为(　　)。

A. 通过将多种化学抑制物偶联到与靶基因互补的DNA序列中，抑制靶基因的表达

B. 直接应用化学抑制剂抑制靶基因的表达

C. 通过互补的反义DNA或RNA片段特异性地与靶基因结合，抑制靶基因的表达

D. 通过阻遏物与特异的靶基因结合从而抑制靶基因的转录而抑制表达

8. 由哪种启动子调控的基因在较高温度诱导的条件下，通常情况下会促进表达产物形成包含体？（　）

A. PR 启动子　　B. T7 启动子

C. U6 启动子　　D. CAV 启动子

9. 含 *gpf* 基因的表达载体的优点有哪些？（　）（多项）

A. 无需作用底物　　B. 蛋白质对细胞无毒性

C. 结构稳定　　D. 作用持久

10. 增强子是基因表达的重要调节元件，目前在病毒、植物、动物和人类正常细胞里都发现有增强子的存在。下列属于增强子的有（　）。

A. PR　　B. T7　　C. U6　　D. TMV

11. 通常人工构建串联启动子表达载体的目的是（　）。

A. 表达目的蛋白　　B. 增加目的基因的可溶性表达

C. 研究目的基因的折叠　　D. 增加目的基因表达量

12. 启动子探针型克隆载体是一种有效、经济、快速分离基因启动子的工具，其检测部件由两部分组成，分别是（　）。（多项）

A. 已失去转录功能且易于检测的遗传标记基因　　B. 多克隆位点

C. 转化系统　　D. 启动子

13. 能够特异性识别 SP6 启动子红光诱导表达克隆载体是一种诱导型表达克隆载体，它是由哪个操纵子在红光诱导下，使目的蛋白表达？（　）

A. TPS　　B. cpc2　　C. pUTK2　　D. T7

14. 质粒克隆载体的设计和构建应遵循哪些原则？（　）（多项）

A. 选用合适的出发质粒　　B. 正确获得构建质粒克隆载体的元件

C. 组装合适的选择标记基因　　D. 选用合适的启动子

15. 作为克隆载体的 DNA 分子应具备哪些条件？（　）（多项）

A. 在克隆载体 DNA 分子合适的位置有一至多个克隆位点，供外源基因进入到克隆载体 DNA 分子

B. 克隆载体能够携带外源基因进入受体细胞，停留在细胞质中能自我复制，或整合到染色体 DNA 上随染色体 DNA 的复制而同步复制

C. 克隆载体必须具有选择克隆子的标记基因

D. 克隆载体必须是安全的，不应含有对受体细胞有害的基因，并且不会任意转入除受体细胞意外的其他生物细胞，尤其是人的细胞

16. λ 噬菌体被广泛用来构建克隆载体的原因是什么？（　）（多项）

A. λ 噬菌体是一种温和噬菌体

B. 能够承载比较大的外源 DNA 片段

C. 覆盖率比其他载体高

D. 有多种限制性内切核酸酶识别位点，便于多种外源 DNA 酶切片段的

克隆

17. TA 克隆载体的再生大致分为哪几步？（　　）（多项）

A. 克隆载体线性化　　B. 克隆载体末端补平反应

C. 克隆载体末端加 T 反应　　D. 克隆载体末端加 A 反应

18. BAC 的最大容载能力是多少 kb？（　　）

A. 10 000kb　　B. 6000kb　　C. 300kb　　D. 100 kb

19. λ 噬菌体由哪些结构组成？（　　）（多项）

A. 外壳蛋白质　　B. 核心蛋白质　　C. DNA　　D. RNA

20. 病毒根据其遗传物质的不同可以分为哪两大类？（　　）（多项）

A. 蛋白类病毒　　B. 核酸类病毒　　C. DNA 病毒　　D. RNA 病毒

21. 下列哪种克隆载体对外源 DNA 的容载量最大？（　　）

A. 质粒　　B. 黏粒

C. 酵母人工染色体（YAC）　　D. λ 噬菌体

22. 下列选项中哪种不是 ColE1 质粒复制起始所需要的酶？（　　）

A. RNase A　　B. RNase H

C. DNA 聚合酶Ⅰ　　D. RNA 聚合酶Ⅰ

23. 下列关于酵母 2μm 质粒的描述不正确的是（　　）。

A. 是一种环状 DNA 分子　　B. 能在大肠杆菌中穿梭

C. 含有两个 599bp 的反向重复序列　　D. 含有复制起始位点 *ori*

24. pBR322 质粒的氨苄青霉素抗性来源于（　　）。

A. ColE1　　B. pSC101　　C. pUC18　　D. pSF124

25. 下列关于 λ 噬菌体的描述不正确的是（　　）。

A. 是一种烈性噬菌体　　B. 基因组有 50 个以上的基因

C. 能承载比较大的外源 DNA 片段　　D. 有多种限制性内切核酸酶识别位点

26. pBR322 的出发质粒是（　　）

A. ColE1　　B. pMB1　　C. pUC18　　D. pSF124

27. 第一个作为重组 DNA 载体的质粒是（　　）。

A. pSC101　　B. pMB1　　C. pUC18　　D. pSF124

28. 烟草花叶病毒（TMV）的基因组为（　　）。

A. 双链 RNA　　B. 单链正义 RNA

C. 单链反义 RNA　　D. 双链 DNA

29. 猿猴空泡病毒 40（SV40）基因组为（　　）。

A. 双链 RNA　　B. 单链正义 RNA

C. 单链反义 RNA　　D. 双链 DNA

30. 下列关于花椰菜花叶病病毒（CaMV）的描述正确的是（　　）。

A. 能够感染无脊椎动物　　B. 能够感染人类

C. 是一种动物双链 DNA 病毒　　D. 是一种植物双链 DNA 病毒

31. 下列描述不正确的是（　　）。

A. 杆状病毒的主要宿主是植物

B. 腺病毒是一类无囊膜的二十面体病毒

C. 痘苗病毒基因组是两端为倒置重复序列的线形双链 DNA 分子

D. 猿猴空泡病毒对人相对安全

32. 关于多克隆位点的概述，不正确的是（　　）。

A. 仅位于质粒载体中　　B. 具有多种酶的识别序列

C. 不同酶的识别序列可以有重叠　　D. 一般是人工合成后添加到载体中

33. 关于杆状病毒载体转化过程，下列叙述不正确的是（　　）。

A. 转移载体中插入外源基因

B. 可根据是否形成多面体筛选转化子

C. 外源基因不被交换转入病毒基因组中

D. 重组病毒侵染宿主 4～5 天后即可收获重组蛋白

34. 不属于质粒被选为基因运载体的理由是（　　）。

A. 能复制　　B. 有多个限制酶酶切位点

C. 具有筛选标记基因　　D. 它是环状 DNA

35. 关于碱解法分离质粒 DNA，下面哪一种说法不正确？（　　）

A. 溶液Ⅰ的作用是悬浮菌体

B. 溶液Ⅱ的作用是使 DNA 变性

C. 溶液Ⅲ的作用是使 DNA 复性

D. 质粒 DNA 分子小，所以没有变性，染色体变性后不能复性

五、简答题

1. 什么是 TA 克隆？

2. 什么是温和性病毒？什么是烈性病毒？

3. λ 噬菌体被广泛用来构建克隆载体的原因是什么？

4. *LacZ* 基因的功能是什么？

5. 为什么说人腺病毒的 DNA 是一种构建基因克隆载体很好的材料？

6. TA 克隆载体的再生大致分为哪几步？

7. 为什么在克隆大片段时，YAC 具有优越性？

8. 请列举质粒载体必须具备的 5 个基本特性。

9. 简述以黏粒为载体构建基因文库的原理。

10. 提取质粒 DNA 与提取哺乳动物细胞基因组 DNA 的方法有何异同？

11. λ 噬菌体早在 1974 年就被广泛用做克隆载体，请简述选用 λ 噬菌体作为克隆载体的依据是什么？

12. 什么是 YAC？简述 YAC 克隆过程的注意事项。

13. 请简述肿瘤细胞特异性表达克隆载体进行基因治疗的原理。

14. 请简述：（1）基因整合平台系统的组成；（2）定位整合克隆载体的种类；（3）影响整合效率的因素。

15. 简述农杆菌 Ti 质粒克隆载体的 4 个功能区及其功能。

六、问答题

1. 人工染色体克隆载体的优点及通常应用于哪些方面？

2. 人工染色体克隆载体所包含的元件及其筛选克隆子的特点？

3. 作为克隆载体的 DNA 分子应具备哪些条件？

4. 质粒克隆载体的设计和构建应遵循哪些原则？

5. cosmid 克隆载体的特征主要有哪些？

6. 请列举 M13 克隆系统的优点与不足。

7. TA 克隆-蓝白斑筛选中有可能出现几种结果？请说明导致各种结果的可能原因及解决方案。

8. 举例说明如何增、减质粒中的酶切位点（至少增加或减少一个酶切位点）？

9. 阐述质粒相容性的分子基础。

10. 阐述质粒不亲和性的分子基础及其类别。

11. 请阐述质粒的亲和性及其机制。

12. CaMV 克隆载体是以花椰菜花叶病毒 DNA 为基础的克隆载体，请阐述构建 CaMV 克隆载体的基本策略。

13. 什么叫定位克隆？定位克隆技术主要包括哪些步骤？

14. 请问痘苗病毒载体有什么优点？

15. 请阐述大肠杆菌质粒载体 pBR322 的质粒特点及其衍生质粒载体 pUC18/19 的改进之处。

16. 请阐述再生 TA 克隆载体的方法。

【参考答案】

一、名词解释

1. 质粒：略。
2. 基因克隆载体：略。
3. 质粒克隆载体：略。
4. 病毒（噬菌体）克隆载体：略。
5. 噬菌体：略。
6. 显性质粒：略。
7. 隐蔽质粒：略。
8. 穿梭质粒载体：略。
9. 严紧型质粒：略。
10. 松弛型质粒：略。
11. 接合型质粒：略。
12. 酵母人工染色体：略。
13. 柯斯质粒：略。
14. 诱导型表达克隆载体：略。
15. 反义表达克隆载体：略。
16. 组织特异性表达克隆载体：是指通过一些特殊的调控序列（如启动子）可以调控目的基因只能在一定的组织中才能进行有效表达的克隆载体。

17. 分泌性表达克隆载体：略。

18. 串联启动子表达克隆载体：为了提高目的基因的表达量，在构建的表达克隆载体中把两个同一种的启动子串联在一起，成为串联启动子表达克隆载体。

19. 温控质粒载体：略。

20. 插入失活型质粒载体：略。

21. 正选择的质粒载体：略。

22. 表达型质粒载体：略。

二、填空题

1. 菌素抗性；营养缺陷型

2. DNA 的端粒（TEL）；DNA 复制起点（ARS）；着丝粒（CEN）；选择标记基因序列

3. 构建基因组文库；基因治疗；基因功能鉴定

4. *Kan*[r]；GFP。

5. 有效；经济；快速

6. 转化系统；检测部件

7. 396；470；510

8. *Kan*[r]；卡那霉素；3′羟基

9. 30S 核糖体亚单位

10. 金属调控部件；激素控制部件

11. 乳腺组织特异性表达克隆载体；肿瘤细胞特异性表达克隆载体；神经组织特异性表达克隆载体

12. 包含体

13. PR；T7

14. 严紧型质粒；松弛型质粒

15. 接合质粒

16. 质粒克隆载体；λ 噬菌体克隆载体

17. 1000kb；300kb

18. 溶菌；溶原

19. 显性质粒；隐蔽质粒

20. DNA；外壳蛋白质

21. RF-DNA；“十”链 DNA

22. 外壳蛋白质；核心蛋白质等多种多肽；环状双链的 DNA 分子

23. DNA 病毒；RNA 病毒

24. 蓝藻

25. 共价闭合环状 DNA；线形 DNA；开环 DNA

26. 复制区含有复制起点；选择标记主要是抗性基因；克隆位点便于外源 DNA 的插入

27. 分子质量大；酶的多切点；无选择标记

28. 超螺旋 DNA；线形 DNA；开环DNA

29. 具有相同的多克隆位点（MCS）

三、判断题

1. ×	2. ×	3. √	4. √	5. √
6. ×	7. √	8. √	9. √	10. ×
11. ×	12. √	13. ×	14. ×	15. ×
16. ×	17. ×	18. ×	19. √	20. ×
21. √				

四、选择题

1. ACD	2. ABCD	3. C	4. B
5. CD	6. ABCD	7. C	8. A
9. ABCD	10. D	11. D	12. AB
13. B	14. ABCD	15. ABCD	16. ACD
17. ABC	18. C	19. AD	20. CD
21. C	22. A	23. B	24. D
25. A	26. B	27. A	28. B
29. D	30. D	31. A	32. A
33. C	34. D	35. D	

五、简答题

1. 答：在分子克隆的实践中，人们发现用于 PCR 的耐热 DNA 聚合酶（*Taq* 酶）具有一种非模板依赖性活性，这种活性可在 PCR 产物的 3′端加上一个非配对的脱氧腺嘌呤核苷（A）；根据这一特点研制出一种线性质粒，其 5′端各带一个不配对的脱氧胸腺嘧啶核苷（T），采用该质粒可将 PCR 产物以 TA 连接的方式直接进行克隆，即 TA 克隆。

2. 答：根据病毒与宿主的关系，可以把病毒分为温和性病毒和烈性病毒。某种病毒感染宿主细胞后，其DNA与宿主染色体DNA整合，一起复制和传代，无感染其他细胞的能力，这样的病毒称为温和性病毒；有些病毒感染宿主细胞后，其DNA不插入宿主染色体DNA，经过一定时间的潜伏期，就大量增殖新的病毒颗粒，使宿主细胞破裂，释放出的病毒颗粒又感染其他细胞，这样的病毒称为烈性病毒。

3. 答：(1) λ噬菌体是一种温和噬菌体，对大肠杆菌具有很高的感染能力，以原噬菌体的形式可长期潜伏在溶原细胞中，容易保存；并在一定条件下又可转入溶菌生长途径，进行大量增殖。

(2) 能够承载比较大的外源DNA片段。

(3) 有多种限制性内切核酸酶识别位点，便于多种外源DNA酶切片段的克隆。

4. 答：*LacZ*基因是大肠杆菌乳糖操纵子中的一个基因，*LacZ*基因编码的*β*-半乳糖苷酶是由4个亚基组成的四聚体，可催化乳糖的水解。*β*-半乳糖苷酶比较稳定，用X-gal为底物进行染色时，呈蓝色，便于检测和观察，通常用于克隆的筛选。*LacZ*基因的诸多优点使其成为基因工程实验中的一个常用标记基因。

5. 答：人腺病毒具有易感染性、宿主范围广、毒性低、使用安全、可容纳大的外源DNA片段以及外源DNA片段不会整合到宿主细胞染色体DNA上等特征，因此人腺病毒的DNA是一种构建基因克隆载体很好的材料。

6. 答：(1) 克隆载体线性化：限制性内切核酸酶酶切，37℃温育2h；

(2) 克隆载体末端补平反应：Klenow酶、缓冲液及dNTP，37℃温育3h；

(3) 克隆载体末端加T反应：在平端克隆载体中加入*Taq* DNA聚合酶、*Taq*酶缓冲液及dTTP，75℃温育2h。

7. 答：①非传递性和不被带动转移。对于多数基因克隆操作来说，都不希望载体能够进行自主传递，也不希望被带动转移。②具有条件致死突变，可防止克隆基因扩散，只存在于限定的宿主细胞中。③一般情况下不与宿主染色体发生重组，因为重组后有可能给宿主带来突变。

8. 答：①独立复制；②有选择标记；③有多种酶切位点；④具有较小的分子质量和较高的拷贝数；⑤易从宿主细胞中分离纯化

9. 答：①*cos*位点可以自身环化；②可以利用*cos*位点包装λ噬菌体颗粒；③可以感染寄主细胞；④利用质粒复制子复制，不整合、不裂解。

10. 答：提取质粒DNA时，无组织破碎的操作，主要应用NaOH和SDS试剂来破碎细胞；提取哺乳动物细胞基因组DNA时，需先破碎动物细胞组织，然后动物细胞需先用胰酶消化松散后再用蛋白酶K和SDS试剂破碎动物细胞。

11. 答：①λ噬菌体属于一种温和噬菌体，对大肠杆菌具有很高的感染能力，可以以原噬菌体的形式在溶原细胞中长期潜伏，易于保存。②λ噬菌体可以承载比较大的外源DNA片段，甚至可以达到λDNA分子的75%～105%。③λ噬菌体DNA中限制性内切核酸酶识别位点较多，便于多种外源DNA酶切片段的克隆。

12. 答：YAC即酵母人工染色体，是利用酵母着丝粒载体所构建的大片段DNA克隆载体。克隆载体上含有着丝粒、端粒、可选择标志基因、自主复制等序列，可携带插入的大片段DNA（100～1000kb）在酵母细胞中有效地复制，是基因组研究的有用工具。YAC克隆过程的注意事项：①基因组应在剪切力相对较小的环境中制备。②用稀有限制酶不完全切割DNA片段，产生200～500kb的DNA片段。③以酵母原生质球转化重组YAC克隆载体，可提高转化效率。

13. 答：基因治疗通常是用携带某种目的

基因的 cDNA 序列的特定载体导入靶细胞，希望能在肿瘤细胞内有效地表达。肿瘤细胞特异性表达载体应用了肿瘤细胞中特异高效表达的启动子与肿瘤杀伤基因组成嵌合基因，构建成肿瘤细胞表达载体，实现杀伤基因在肿瘤细胞的特异性高效表达，从而杀伤肿瘤细胞。但基因序列的导入和表达往往是非特异性的，在杀伤肿瘤细胞的同时也使正常细胞受损害。

14. 答：(1) 基因整合平台系统的建立是为了保证外源 DNA 在细胞中稳定遗传并不对宿主细胞的代谢产生较大的影响，使外源基因定位整合到染色体特定的位点。它包括整合平台和整合克隆载体两部分。整合平台：受体细胞基因组上特定的 DNA 区域。整合克隆载体：含有一个或两个与整合平台区核苷酸序列同源的 DNA 片段。

(2) 定位整合克隆载体的种类包括：外源平台双交换置换克隆载体，内源平台双交换插入克隆载体和内源平台单交换插入克隆载体。

(3) 基因定位整合的效率与受体细胞的种属和同源 DNA 片段的长短有关。

15. 答：农杆菌 Ti 质粒克隆载体的 4 个功能区分别为 T-DNA 区、Vir 区、Con 区和 Ori 区。①T-DNA 区：Ti 质粒只有一小部分进入植物细胞内，约 25kb，称为 T-DNA (transfer DNA)。左右边界各有一个 25bp 正向重复序列（LTS 和 RTS），称为边界序列，是 T-DNA 的转移和整合所必需的功能区。②Vir 区：位于 T-DNA 区上游，其表达产物可激活 T-DNA 的转移。③Con 区：含有农杆菌之间接合转移有关的基因（*tra*），可受宿主产生的冠瘿碱活化，使 Ti 质粒在细菌间转移。④Ori 区：复制起始区，调控 Ti 质粒自我复制。

六、问答题

1. 答：①构建基因组文库。人工染色体克隆载体突出的优点是可以容纳比其他克隆载体大得多的外源 DNA 片段，因此被首先用于构建人类和高等生物的基因组文库，减少了克隆子的数目。②基因治疗。通过人工染色体克隆载体携带外源 DNA 片段组成人工染色体，可以在受体细胞内自主复制，从而不会像诱变剂那样插入到病体染色体 DNA。③基因功能鉴定。由于人工染色体克隆载体可以容纳大片段的 DNA，不仅包含编码区，还可包含内含子和调控区，并且人工染色体克隆载体的基因同样可以与各种酶类、转录因子等作用，其基因表达和复制机制在理论上与正常染色体上的基因相似。因此，利用人工染色体克隆载体有助于基因功能的鉴定。

2. 答：人工染色体克隆载体实际上是一种“穿梭”克隆载体，含有质粒克隆载体所必备的第一受体（大肠杆菌）源质粒复制起始点（*ori*），还含有第二受体（如酵母菌）染色体 DNA 着丝点、端粒和复制起点的序列，以及合适的选择性标记基因。这种克隆载体在体外与目的 DNA 片段重组后，转化第二受体细胞，可在转化的细胞内按染色体 DNA 复制的形式进行复制和传递。筛选第一受体的克隆子，一般采用抗生素抗性选择标记；而筛选第二受体的克隆子，常用与受体互补的营养缺陷型。与其他的克隆载体相比，人工染色体克隆载体的特点是能容纳长达 1000kb，甚至 3000kb 的外源 DNA 片段。

3. 答：①在克隆载体 DNA 分子合适的位置有一至多个克隆位点，供外源基因进入到克隆载体 DNA 分子；②克隆载体能够携带外源基因进入受体细胞，停留在细胞质中能自我复制，或整合到染色体 DNA 上随染色体 DNA 的复制而同步复制；③克隆载体必须具有选择克隆子的标记基因；④克隆载体必须是安全的，不应含有对受体细胞有害的基因，并且不会任意转入除受体细胞以外的其他生物细胞，尤其是人的细胞。

4. 答：①选用合适的出发质粒。②正确

获得构建质粒克隆载体的元件，如复制起始位点、选择标记基因、克隆位点、启动子和终止子等。③组装合适的选择标记基因。④选用合适的启动子，最好选用外界条件诱导的启动子，只有在特定培养条件下，启动子才能有效地调控目的基因的表达。⑤在能达到预期目的的前提下，过程应力求简单。

5. 答：①构建的cosmid克隆载体是一种环形双链DNA分子，其大小不超过36.4kb，一般在10kb以下。②具有质粒的性质，可以在大肠杆菌细胞内按质粒复制的方式进行复制，具有转化大肠杆菌的功能，还有一些克隆位点。③在克隆载体上含有一个cos位点。④构建的cosmid克隆载体较小，因此能承载比较大的外源DNA片段。

6. 答：M13克隆系统的优点：①克隆的片段大：M13噬菌体的DNA在包装时不受体积的限制，所以容载能力大，有些噬菌体颗粒可以包装比野生型丝状噬菌体DNA长6～7倍的DNA（插入片段可达40kb）。②可直接产生单链DNA，这对于DNA测序、DNA诱变、制备特异的单链DNA探针都是十分有用的。③单链DNA和双链DNA都可以转染宿主，并可根据人工加上的选择标记进行筛选。

M13克隆系列的不足：①较大的外源片段插入后，在扩增过程中往往不够稳定，一般说，克隆的片段越大，发生丢失的概率越大。②单链载体分子感染的细胞中，往往是单链和双链混杂，分离双链比较麻烦。

7. 有可能出现3种结果：①只有白斑没有蓝斑；②只有蓝斑没有白斑；③蓝斑和白斑都有。

(1) 若只有白斑没有蓝斑：首先检查培养基、IPTG与X-gal等，将宿主菌直接接入含有IPTG和X-gal的LB平板，在37℃下培养过夜。将平板置于4℃下2h。如果菌落蓝色明显，说明试剂、培养基及菌株本身没有问题，反之则需要更换菌株及其他试剂。并且再次培养，确保上述成分正确。其次，通过菌落PCR的方法或者Cracking的方法检查白斑是否为重组子。

(2) 若只有蓝斑没有白斑：可能是由于目的片段和载体连接以及转化等环节有问题。需要重新进行连接、转化。还有一种可能，就是插入的片段和*LacZ*形成融合蛋白，而且*LacZ*具有一定的功能，所以可以少量地挑取蓝斑进行菌落PCR或者Cracking鉴定，如果确实没有得到重组子，则需要从连接、转化做起。

(3) 若蓝斑和白斑都有：按照正常的程序，挑取白斑，进行鉴定，如果出现了假阳性，可能的原因是T4 DNA连接酶会有一些3′→5′外切酶活性，可能会破坏*LacZ*的表达。

8. 答：(1) 削减酶切位点。可以用完全酶切或部分酶切。例如，*Eco*RⅠ在某种质粒载体上有两个切点，一个在抗性基因内，另一个在其他部位。现在要除掉非抗性位点上的酶切位点，可用该酶部分酶解这种质粒，用S1核酸酶削平末端后自连，转化后用原抗性筛选即可。如果*Eco*RⅠ的两个酶切位点都不在抗性基因内，切割后产生的两个片段中有一个是质粒非必需的，则可用完全酶切，自连后筛选，就可筛选到失去一个酶切位点的质粒。

(2) 增加酶切位点。增加酶切位点有几种方法：①利用人工合成的含有限制性内切核酸酶作用位点的衔接物（linker）；②连接上含有限制性内切核酸酶识别和切割序列的DNA接头；③利用PCR方法在引物中加入限制性内切核酸酶作用位点，便可增加酶切位点。

9. 答：大多数质粒产生可控制质粒复制的阻遏蛋白，其数量与细胞中质粒拷贝数成正比。质粒拷贝数受阻遏蛋白的负反馈调节。若两种质粒亲缘关系远，它们所产生的阻遏蛋白就不会互相影响，于是这两种质粒在同一细胞中都保持着自己的正常拷贝数，表现出相容性。

10. 答：质粒的不亲和性是指在没有选择压力的情况下，两种亲缘关系密切的不同质粒，不能够在同一寄主细胞中稳定共存的现象。质粒不亲和性的分子基础主要是由于它们在复制功能之间的相互干扰造成的。大多数质粒产生可控制质粒复制的阻遏蛋白，其数量与细胞中质粒拷贝数成正比，质粒拷贝数是受阻遏蛋白的负反馈调节。若两种质粒亲缘关系密切，它们所产生的阻遏蛋白不仅影响自身质粒DNA复制，还会彼此影响对方质粒DNA的复制。这就出现了两种阻遏蛋白质联合调控质粒复制速率的现象。质粒拷贝数控制体系无法辨别这两种不相容性质粒，只是随机地选择其中一种进行复制。于是出现拷贝数偏差。两种不相容质粒往往拷贝数不相当，其中高拷贝数的对复制抑制剂的敏感性较低拷贝数的要差一些。因此在复制抑制剂（阻遏蛋白）浓度低的情况下，高拷贝质粒仍可复制，从而最终使低拷贝质粒被淘汰。

11. 不同的质粒有的可共存于同一细胞中，但有的不行。把能同寓于同一细胞中的不同质粒称为亲和性质粒，相反不能同寓于同一细胞中的不同质粒称为不亲和性质粒或不相容性质粒。

一般认为，质粒的不亲和性由定位在质粒上的 *inc* 基因指令宿主细胞合成一种阻遏物，调节内源性质粒的复制。成熟的细胞中，内源质粒都处于相对稳定的饱和状态。因此，亲缘密切的质粒由于受同一阻遏物的制约，即使被引入细胞内也不再复制，就自行消失。还有研究认为质粒复制必须同细胞膜结合，各种质粒有各自的结合位点，而亲缘性密切的质粒有相同的结合位点，当其中一种质粒已占满结合位点后，亲缘密切的另一种质粒即使进入细胞也无立足之地就自行消失。

12. 答：①构建互补克隆载体：利用两种缺陷型CaMV，这两种CaMV具有互补的功能，当这两种缺陷型CaMV彼此获得对方提供的产物时，就具有感染能力。②构建置换型克隆载体。由于CaMV DNA的ORF Ⅱ区对转染不是必需的，因此可构建插入置换型克隆载体。③构建混合型克隆载体。将CaMV DNA插入Ti质粒DNA分子后，可以通过致癌农杆菌导入植物细胞，整合到染色体DNA上。④构建CaMV-融合基因克隆载体系统。利用35S RNA转录的启动子在植物细胞中的有效性，与目的基因组成融合基因，目的基因可以在植物中进行高效转录和表达。

13. 答：定位克隆（positional cloning）是1986年首先由剑桥大学的Alan Coulson提出的。根据功能基因在基因组中都有相对较稳定的基因座，在利用分离群体的遗传连锁分析或染色体异常分析将基因锁定到染色体的一个具体位置的基础上，通过构建高密度的分子连锁图，找到与目的基因紧密连锁的分子标记，不断缩小候选区域，进而克隆该基因，最后阐明其功能和疾病的生化机制。定位克隆技术主要包括以下6个步骤：①筛选与目标基因连锁的分子标记。②构建并筛选含有大插入片段的基因组文库。③构建目的基因区域跨叠的克隆群。④目的基因区域的精细作图。⑤目的基因的精细定位和染色体登陆。⑥ 外显子的分离、鉴定。

14. 答：①表达产物与天然产物的活性和理化性质相近。②能以较强的免疫原性呈递抗原，将宿主自身的主要组织相容性复合物所表达的抗原一同表达于细胞表面，有利于细胞免疫的诱导。③外源基因的插入量大。④宿主细胞广泛。⑤表达产物翻译后可被修饰，无需佐剂，纯化简单，产物稳定，易于保存运输。⑥ 安全性较好，病毒在胞质内繁殖，不会整合到宿主细胞基因组内，在短期内可被清除，不必担心外源蛋白的过度表达可能导致的不良影响，尤其是致癌的可能性。

15. 答：pBR322质粒载体全长4.3kb，

可以克隆 10kb 以下的外源 DNA 片段。含有 ColE1 松弛型复制起始位点，在大肠杆菌中高拷贝复制，并且缺失迁移蛋白基因，不会直接迁移，相对比较安全。含有选择标记基因 Ap^r 基因和 Tc^r 基因，并且其中含有不同限制性内切核酸酶识别位点，可以作为克隆外源 DNA 片段的克隆位点，通过抗性失活对重组质粒进行筛选。

pBR322 的衍生质粒 pUC18/19 改进了选择标记基因，改变了筛选策略，用蓝白斑筛选代替原有的抗性丧失筛选机制，进一步简化了其重组质粒的筛选流程。

16. 答：①使克隆载体线性化：以任意一种限制性内切核酸酶（要注意这个酶切位点在克隆载体中的数目）消化目的克隆载体，并检测其是否消化完全，将消化完全的克隆载体纯化。②对克隆载体末端进行补平：利用 Klenow 酶等具备补平黏性 DNA 末端功能的酶对线性化的目的克隆载体进行补平，并进行纯化处理。③克隆载体末端加 T 反应：利用 *Taq* 酶等具备 DNA 末端加 T 能力的酶对补平后的目的克隆载体进行加 T 反应。最终经过纯化处理得到这种目的载体的 TA 克隆载体。

第四章 目的基因的制备

重点提示：目的基因（掌握），结构基因的组成（掌握），原核生物基因的组成（掌握），真核生物基因的组成（掌握），其他基因组基因的组成（了解），基因的排列（熟悉），制备目的基因的几种主要方法（熟悉），限制性内切核酸酶及其作用机制（掌握），限制性内切核酸酶的识别序列（熟悉），限制性内切核酸酶切割DNA的位点（熟悉），限制性内切核酸酶酶切分离法（掌握），基因分离的物理化学方法（熟悉），构建基因组文库分离法（掌握），基因组文库的概念（掌握），基因组文库的大小（掌握），构建噬菌体基因组文库的步骤（熟悉），构建柯斯质粒基因组文库（熟悉），构建YAC基因组文库（熟悉），构建cDNA基因文库分离法（掌握），cDNA基因文库的概念（掌握），mRNA丰度和cDNA基因文库的大小的关系（掌握），cDNA基因文库的构建（掌握），利用聚合酶链式反应技术扩增目的基因（掌握），套式PCR（掌握），不对称PCR（熟悉），反向PCR（掌握），锚定PCR（掌握），长程PCR（掌握），反转录PCR（掌握），基因的化学合成（了解），基因的组装方式（了解），目的基因的功能克隆（掌握），序列克隆法（了解），差别杂交和减法杂交技术（了解），mRNA差别显示技术（熟悉），功能结合法筛选目的基因（了解），DNA插入诱变法分离目的基因（了解），应用基因定位克隆技术分离筛选目的基因（熟悉），基因的定位候选克隆法（了解），染色体显微切割与微克隆法（了解），根据生物大分子间的相互作用分离目的cDNA克隆（掌握）。

【核心概念】

1. 基因（gene）：是指合成有功能蛋白质多肽链或有功能RNA所必需的全部核酸序列（一般指DNA序列）。

2. 基因组（genome）：一种生物的细胞中所带有的全部遗传信息。通常以核内单倍体染色体所包含的所有基因算作一个基因组，它含有一整套完整的该种生物的基因信息。

3. 目的基因（interest gene或target gene）：生物体中根据需要欲分离、改造、扩增或表达的基因。

4. 结构基因（structural gene）：编码某种多肽链（蛋白质或酶分子）的基因。正常情况下，在调节基因和操纵基因的控制下，经转录和翻译过程，合成相应的蛋白质、酶或多肽链。若结构基因发生突变，就会产生失去活性的蛋白质，从而造成差错。

5. 重叠基因（overlapping gene）：在某些生物中，不同的基因可以共用同一段 DNA 的核苷酸序列，它们的核苷酸序列是彼此重叠的，这样的基因称为重叠基因。

6. 重复基因（duplicate gene）：在真核生物中，有些基因是多拷贝的，这样的基因称为重复基因。在真核生物中约有 30％的基因是重复基因。

7. 基因组文库（genomic library）：将某种生物的基因组的全部遗传信息通过克隆载体储存在各受体菌的群体之中，这个群体即为这种生物的基因组文库。

8. cDNA 基因文库（cDNA library）：将某种生物基因组转录的全部或部分 mRNA 经反转录产生的各种 cDNA 片段分别与克隆载体重组，储存在某一种受体菌群体中，这样的群体称为 cDNA 基因文库。

9. 聚合酶链反应（polymerase chain reaction，PCR）：PCR 是利用酶促反应在体外指导特定 DNA 序列扩增的方法，是以热变性的双链 DNA 为模板，利用引物和 4 种脱氧核苷酸为原料在 DNA 聚合酶的作用下大量扩增特定的 DNA 片段。

10. 反转录 PCR（reverse transcription-PCR，RT-PCR）：是将反转录与 PCR 扩增相结合的技术，是以 mRNA 反转录合成的 cDNA 第一条链为模板的 PCR。反转录的引物可以是 oligo（dT）或基因特异引物，反转录的模板通常为总 RNA 或从中分离纯化出的 mRNA。合成的单链 cDNA 可以作为模板进行常规 PCR 扩增。

11. 套式 PCR（nested PCR）：是指用两对引物扩增同一样品的方法。在两对引物中，第二对引物与靶序列的复性结合位点处于第一对引物扩增的 DNA 片段的内部，使得第二次 PCR 扩增片段短于第一次扩增。由此利用不同的第二对引物可以从一个 DNA 模板的同一区域扩增出不同长度的 DNA 片段。套式 PCR 反应有两次 PCR 扩增，从而降低了扩增多个靶位点的可能性（因为与两套引物都互补的模板很少），增加了检测的敏感性，又有两对 PCR 引物与检测模板的配对，增加了检测的可靠性。

12. 锚定 PCR（anchored PCR）：又称为单侧 PCR，是指通过添加锚定引物接头的方式来扩增合成未知序列或未全知序列的方法。常见的 PCR 类型是利用未知序列中的一小段已知序列信息来扩增合成其上游或下游片段，最后获得全序列。

13. 反向 PCR（inverse PCR）：是一种扩增两个引物外侧未知序列的方法。用适当的限制性内切核酸酶裂解含核心区的 DNA，以产生适合于 PCR 扩增大小的片段，然后片段的末端再连接形成环状分子。PCR 的引物同源于环上核心区的末端序列，但其方向可使链的延长经过环上的未知区而不是分开引物的核心区。这种反向 PCR 方法可用于扩增本来就在核心区旁边的序列，还可应用于制备未知序列探针或测定边侧区域本身的上、下游序列。

14. 不对称 PCR（asymmetric PCR）：当 PCR 扩增循环中所用的两个引物浓度不同时，所进行的 PCR 就是不对称 PCR。在最初的循环中，绝大多数的 PCR 产物是双链并以指数形式积累。当低浓度引物用尽后，进一步循环时，则会过量产生特异性的单链 DNA。利用不对称 PCR 可以产生特异性的单链 DNA，用作 DNA 序列分析的模板等。

15. 长程 PCR（long and accurate PCR）：是指利用 LA *Taq* DNA 聚合酶或 EX *Taq* DNA 聚合酶来扩增长片段 DNA 的 PCR 方法。

16. 表达序列标签（expressed sequence tag，EST）：是指基因序列中一段能特异地标记或表征基因的序列，通常它含有足够的结构信息以显示出该基因与其他基因的差异，长度一般为 100～500bp。利用 EST 寻找新基因策略即为表达序列标签法。

17. 基因表达系分析法（serial analysis of gene expression，SAGE）：是一种快速分离新基因及分析多种基因表达的方法。该方法基于两个原理：一是从转录物某一特定位置上分离得到一段 9～10bp 的寡核苷酸序列标签（sequence tag，ST），它含有确定一个独特转录物的足够信息量，可以代表此转录物的特异性。二是多个序列标签能以锚定酶识别位点序列相隔相互连接成双标签序列（ditag）的多联体，将多联体序列克隆到一个载体中，用连续的方法进行多联体的序列分析，再通过计算机处理，确定每一种序列（ST）代表转录产物的种类和出现频率，由此实现多转录物高效、快速和大量的分析。该方法可以一次对大量基因的转录产物进行定量分析，从中找到新的基因；也可以用来分离不同发育阶段和生理状态下差别表达的基因。

18. 减法杂交（subtractive hybridization）：通过 DNA 复性动力学原理富集目的基因序列，并以此构建减数文库的方式来进行目的基因分离克隆。减法杂交的对象可以是基因组 DNA，也可以是 cDNA，相应的称为基因组 DNA 减法杂交和 mRNA 减法杂交。前者用于克隆两样品中特异性存在的基因，后者用于分析两样品中差异表达的基因，尤其适合于某些低丰度 mRNA。

19. mRNA 差别显示（mRNA differential display by PCR，DD-PCR；differential display reverse transcription PCR，DDRT-PCR）：是一种建立在 PCR 技术基础上的，分离、鉴定差别表达基因的方法。首先使用 3′端锚定引物 5′端 T11MN，以 mRNA 为模板反转录出 12 组 cDNA 第一链；然后以 20 种 5′端随机引物和相应的某种 3′端锚定引物进行 PCR。在 PCR 反应体系中加入放射性同位素以标记产物，约 40 个循环后，进行聚丙烯酰胺凝胶电泳，放射自显影分析差异表达的条带。

20. 转座子标签法（transposon tagging）：利用转座子移位的特性，当其插入某一基因或其关键调控基因的编码区时，会使该基因突变或失活，这样相当于给目的基因标记了序列已知的转座子标签。构建由于转座子插入引起的纯合突变株的基因组文库，以该转座子特异性的探针从中筛选包含目的基因的阳性克隆，再用阳性克隆中转座子序列两侧的目的基因片段为探针，从野生型的基因组文库中筛选完整的正常基因。

21. T-DNA 标签法（T-DNA tagging）：T-DNA 是存在于根癌农杆菌 Ti 质粒中的一段特殊序列，它可以通过其两端的 25bp 的同向重复序列，随机整合到植物的核基因组上。如果 T-DNA 整合到一个功能基因的内部或其临近位置，则可能导致该基因的失活或突变。通过 T-DNA 上的标记基因检测出突变位置，得到与 T-DNA 相连的 DNA 片段。再以此 DNA 片段制备探针筛选野生型植物的基因组文库，可以获得与突变相应的完整基因。

22. 定位克隆（positional cloning）：又称为图位基因克隆，是根据遗传连锁分析定位基因，然后利用与目的基因遗传距离最近的分子标记筛选基因组文库，分析阳性克隆与目的基因间的物理图距，再通过染色体步移，建立包含目的基因的基因位点的多层次重叠群，最后通过表型分析、功能互补的方法确定目的基因。

23. 染色体步移法（chromosome walking）：是一种利用已知的基因或 DNA 分子标记来分离与其紧密连锁的未知基因的有效方法。首先利用已知的基因或者分子标记为探针，从基因组文库中筛选出与之有部分重叠且更加靠近目的基因的一个新克隆，同理，以新克隆的 DNA 片段为探针可以依次筛选出一系列克隆来，逐步走向目的基因并最终把它分离出来。

24. 表面显示（surface display）：是一种基因表达筛选技术，是将目的基因克隆在特定的表达载体中，使其表达产物显示在活的噬菌体、细菌或细胞表面，然后根据表达产物的某些生物学活性的检测来筛选、富集和克隆带有目的基因的噬菌体、细菌或细胞。

25. 基因克隆（gene cloning）：亦称为 DNA 克隆，是指将外源基因或 DNA 片段插入到克隆载体的分子上，构成重组的 DNA 群体，并转化到寄主细胞进行复制和繁殖，从而获得目的基因或特定 DNA 片段的过程。

【知识要点】

基因工程的主要目的是使优良性状相关的基因（如抗逆性相关基因，生物药合成相关基因，毒物降解相关基因，工业用酶相关基因等）聚集在同一生物体中，创造出具有高度应用价值的新物种。为此必须从现有生物群体中，根据需要分离出用于克隆的此类基因，这样的基因就是基因工程的目的基因，即生物体中根据需要欲分离、改造、扩增或表达的基因。目的基因主要是编码蛋白质（酶）的结构基因。

一、结构基因组成

作为一个能转录、能翻译的结构基因，依次包括以下几个必需的部分：转录启动区、核糖体识别区、编码区（包括起始密码子 ATG、开放阅读框、终止密码子 TAG/TAA/TGA）和转录终止区。另外，必须注意不同类型基因组的基因组成稍有不同。

原核生物的基因多数以操纵子形式存在，完成同类功能的多种基因聚集在一起，处于同一个启动区的调控之下，下游共用一个终止子。但每个基因分别有各自的起始密码子 ATG 和终止密码 TAG/TAA/TGA，两个基因之间存在长度不等的间隔序列，但也有例外。

真核生物染色体基因组的基因一般单独存在，不仅两个基因间有很长的非编码间隔序列区，而且一个基因内部也有一个或多个非编码的间隔序列，即内含子，而编码序列区称为外显子。尽管一个基因是由多个外显子和内含子组成的，但只有一个起始密码子 ATG 和一个终止密码 TAG/TAA/TGA。

原核生物和真核生物的转录启动区、转录终止子等都有区别。此外，质粒基因、病毒基因、线粒体基因、叶绿体基因等都具有各自的特点。基因在基因组中一般是一个个直线排列在 DNA 分子上的，并且两个基因之间存在非编码序列，但是存在一些特例，如重叠基因、重复基因、加倍基因、基因重排。

二、目的基因制备中常用的酶

1. 限制性内切核酸酶

基因工程操作中涉及的目的基因，主要是利用限制性内切核酸酶切割所制备的 DNA 分子而获得。在 DNA 体外重组中，限制性内切核酸酶切割天然的 DNA 分子，可获得含有完整基因、复制起始位点、转录启动子或转录区等具有特定功能的 DNA 片段。

限制性内切核酸酶是一类能够识别双链 DNA 分子中的某种特定核苷酸序列(4～8bp)，并由此处切割 DNA 双链的内切核酸酶。这类酶成为生物细胞内限制性修饰系统的一部分，可防止外源 DNA 的入侵。生物在长期的演化过程中，含某种限制性内切核酸酶的细胞，其 DNA 分子中或者不具备这种限制性内切核酸酶的识别序列，或者由于识别序列碱基的甲基化修饰，不能被限制性内切核酸酶切割。至今发现的限制性内切核酸酶包括 3 种类型，即Ⅰ型酶、Ⅱ型酶和Ⅲ型酶。Ⅰ型限制性内切核酸酶识别未甲基化修饰的特异序列，但在距离特异性识别位点 1000～1500bp 处随机切开一条单链，在基因工程操作中用途不大。Ⅱ型限制性内切核酸酶识别未甲基化修饰的特异序列，并在识别位点切割 DNA 双链，这类酶在基因工程操作中广泛应用。Ⅲ型限制性内切核酸酶虽然在完全肯定的位点切割 DNA，但反应需要 ATP、Mg^{2+} 和 SAM（S-腺苷甲硫氨酸），因此在基因工程操作中用途不大。

2. DNA 聚合酶

DNA 聚合酶是一类催化脱氧核苷酸连续地加到引物 3′羟基（—OH）端的酶。在基因工程中使用的 DNA 聚合酶包括：大肠杆菌 DNA 聚合酶、Klenow 片段、T7 DNA 聚合酶、T4 DNA 聚合酶、修饰过的 T7 DNA 聚合酶、反转录酶、*Taq* DNA 聚合酶等。它们的区别在于持续合成能力和外切酶的活性不同。

三、目的基因的制备

目的基因的制备是基因工程研究和应用的关键内容之一。根据实验的需要，待分离的目的基因可能是一个完整的结构基因或者是一个完全的操纵子或基因簇，也可能是只具有编码序列的基因区，甚至是只含有启动子或终止子等部件的 DNA 片段。目前人们获得目的基因的方法主要有：直接分离法、构建基因文库分离法、PCR 扩增法和化学合成法等。

1. 直接分离法

直接分离法包括：①限制性内切核酸酶酶切分离法。适于从简单的基因组中分离目的基因（详见第二章）。②物理化学法。可以利用不同的 DNA 双链间浮力密度的差异，解链温度的高低，以及单链 DNA 与其互补的序列总有“配对成双”的倾向从生物基因组分离目的基因。③双抗体免疫分析法。适合分离来自真核细胞的、当其编码的蛋白质已经被分离纯化，且足以产生特异抗体的目的基因。④酶促反转录法。主要用于合成分子质量较大、转录产物 mRNA 易分离的目的基因。

2. 构建基因文库分离法

将某种生物细胞的整个基因组 DNA 切割成大小合适的片段，并将所有这些片段都与适当的载体连接，引入相应的宿主细胞中保存和扩增。理论上讲，这些重组载体上带有了该生物体的全部基因，称为基因文库。

构建基因文库分离法主要适用于分离高等真核生物体中的目的基因。高等真核生物的基因组 DNA 十分庞大、基因组成结构复杂，而待分离的目的基因往往是未知基因，无法进行特异性扩增，因此只能对所有的基因进行扩增，也就是构建基因文库，然后再根据不同的方法筛选出目的基因。根据构建基因文库时所用的起始材料的不同，基因文库分为基因组 DNA 文库和 cDNA 基因文库。

将某种生物的基因组的全部遗传信息通过克隆载体储存在一个受体菌的群体之中，这个群体即为这种生物的基因组文库。若这个群体只储存某种生物基因组的部分遗传信息，则成为部分基因组文库。根据克隆载体的不同，基因组文库可以分为：λ噬菌体基因组文库、柯斯质粒基因组文库、YAC 基因组文库。一个理想的基因组文库应该是在克隆群体中包含完整基因组的所有 DNA 序列。一般情况下，一个完整的基因组文库所需的克隆数取决于外源基因组的大小以及切割片段的大小。对于同一生物基因组而言，切割的片段越长，完整基因组文库所含的克隆数越少，反之，切割的片段越短，完整基因组文库所含的克隆数越多。而对于不同的基因组而言，基因组越大，完整基因组文库所含的克隆数越多，反之，基因组越小，完整基因组文库所含的克隆数越少。

将某种生物基因组转录的全部或部分 mRNA 经反转录产生的各种 cDNA 片段分别与克隆载体重组，储存在一种受体菌群体中，这样的群体成为 cDNA 基因文库。cDNA 基因文库是以 mRNA 为模板合成的互补 cDNA 为基础构建的，它只反映基因表达的转录及加工后 mRNA 产物所携带的遗传信息。因此，cDNA序列只与基因编码序列有关，不能反映与 mRNA 合成和成熟相关的核苷酸序列信息，如基因内含子、转录启动子和终止子、核糖体识别位点等。cDNA 便于克隆和大量扩增，构建的文库复杂性较低，适用于特异基因的分离，而且从 cDNA 基因文库中筛选分离的目的基因可以直接用于表达。cDNA 基因文库可分为表达型和非表达型两类，表达型 cDNA 基因文库采用表达型载体构建。根据载体的不同，cDNA 基因文库分为质粒 cDNA 基因文库和噬菌体 cDNA 基因文库。

由于生物体特定组织、特定发育阶段表达的基因不同，因此不同的组织、不同的发育阶段的 cDNA 基因文库也不同。另外，cDNA 基因文库中储存某种基因的概率大小，与总 mRNA 中这种基因的 mRNA 的拷贝数相关。某种 mRNA 的拷贝数越多，则 cDNA 基因文库中储存该基因的概率越大，越容易被分离出来。为了能获得不同丰度的 mRNA 的基因，应构建的 cDNA 基因文库的大小也不同。

与基因组 DNA 文库相比，cDNA 基因文库的优点是不含内含子序列、可以在细菌中直接表达、包含所有编码蛋白质的基因、比 DNA 文库小得多、容易构建等。

一个完整的基因组 DNA 文库或 cDNA 文库，意味着包括目的基因在内的所有基因都得以克隆，但这并不等于完成了目的基因的分离，而仅仅是完成了基因克隆。还必须根据目的基因的某些或某个特性来进行克隆筛选及基因筛选。

3. 聚合酶链反应（PCR）扩增法

聚合酶链反应（PCR）技术为体外基因的分析与研究提供了一种有效的手段，已广泛地用于体外目的基因的特异性扩增和分离。常规 PCR 一般要求待扩增的 DNA 片段序列（模板）或其两侧的序列是已知的，至少要求 DNA 片段两端长 15～30bp 的序列是已知的，这样才能设计出有效的引物。常规 PCR 反应可以合成的 DNA 片段长度有限，一般在 2kb 以内。如果要扩增未知序列的特异 DNA 片段或较长的 DNA 片段，则需选择特殊类型的 PCR 策略。通常 PCR 反应有以下几种类型：套式 PCR（nested PCR）、反向 PCR（inverse PCR）、不对称 PCR（asymmetric PCR）、锚定 PCR（anchored PCR）、长程 PCR（long and accurate PCR）、反转录 PCR（RT-PCR）、锅柄 PCR（pan-handle PCR）、Alu PCR。

4. 化学合成法

基因的化学本质就是一段具有特定的生物学功能的核苷酸序列，由鸟嘌呤、腺嘌呤、胞嘧啶和胸腺嘧啶 4 种碱基组成。因此，与其他高分子化合物一样，基因也可能在实验室用化学的方法进行人工合成。基因的化学合成方法常用的有磷酸二酯法、亚磷酸三酯法、磷酸三酯法、固相合成法，这些方法均是在特定位点形成磷酸二酯键。化学合成的 DNA 片段一般在 200bp 以内，且合成的 DNA 单链的 5′端是羟基（—OH）。目前利用 DNA 自动合成仪，人们可以快速简单地合成所需要的 DNA 寡核苷酸片段，然后通过酶化学等方法得到较长的目的基因。

四、目的基因的分离

对一个完整的基因组 DNA 文库或 cDNA 文库进行目的基因的克隆筛选及基因筛选，是实现目的基因分离的重要一步。在数以万计的克隆子中筛选出包含目的基因的克隆子，是最终分离得到目的基因的关键步骤。直接分离目的基因的方法主要有：①探针柱分离特异 mRNA，根据已知的基因序列合成探针，结合到纤维素柱上，用来分离纯化该基因的 mRNA。②mRNA 消解杂交，利用羟基磷灰石柱（hydroxylapatite column）结合 DNA-RNA 或 DNA-DNA 双链，不结合单链 DNA 的特点获得单链 cDNA，再合成双链 DNA 进行扩增、克隆、测序。③mRNA 差异显示 PCR（mRNA differential display RT-PCR，DD RT-PCR）。根据待分离目的基因的有关特性，如基因的序列、功能、在染色体上的位置和转录产物 mRNA 等，筛选含有目的基因的克隆子方法主要有以下几类：目的基因的功能克隆、序列克隆法、差别杂交和减法杂交技术、利用差示分析法分离目的基因、功能结合法筛选目的基因、DNA 插入诱变法分离目的基因、应用基因定位克隆技术分离筛选目的基因、基因的定位候选克隆法、染色体显微切割与微克隆法，根据生物大分子间的相互作用分离目的 cDNA 克隆。

【试题精选】

一、名词解释

1. 基因组（genome）
2. 基因（gene）
3. 调节基因（regulator gene）
4. 鸟枪法（shotgun method）
5. 定位克隆（positional cloning）
6. Oligo-capping 方法（Oligo capping method）

7. 标准化 cDNA 文库（normalized cDNA library）

8. 引物（primer）

9. 聚合酶链反应（polymerase chain reaction，PCR）

10. 反转录 PCR（reverse transcription PCR）

11. 反向 PCR（inverse PCR）

12. 盒式 PCR（cassette PCR）

13. RACE 技术（rapid-amplification of cDNA end）

14. 转座子标签法（transposon tagging）

15. 目的标签法（targeted tagging）

16. 非目的标签法（non-targeted tagging）

17. SD 序列（shine-dalgarno sequence）

18. 重叠基因（overlapping gene）

19. 重复基因（duplicate gene）

20. 结构基因（structural gene）

21. 目的基因（target gene）

22. 基因组文库（genomic library）

23. 套式 PCR（nested PCR）

24. 锚定 PCR（anchoned PCR）

25. CpG 岛（CpG island）

26. 剪接位点筛选法（screening for splice site）

27. 终止子（terminator）

28. 终止因子（terminator factor）

29. cDNA 基因文库（cDNA library）

30. 多重 PCR（multiplex PCR）

31. 原位 PCR（in situ PCR）

32. 定量 PCR（differential PCR）

33. EST（expressed sequence tag）

34. 染色体步移法（chromosome walking）

35. 基因定位克隆（positional cloning）

36. 染色体显微切割与微克隆技术（chromosome microdissection and micro-cloning）

37. 不对称 PCR（asymmetric PCR）

38. 长程 PCR（long and accurate PCR）

39. RFLP（restriction fragment length polymorphism）

40. RAPD（随机扩增多态性 DNA，random amplified polymorphic DNA）

41. 差别杂交（differential hybridization）

42. 启动子（promoter）
43. 转录起始位点（transcription start site，TSS）
44. 表达序列标签（expressed sequence tag，EST）
45. 基因表达系分析法（serial analysis of gene expression，SAGE）
46. 减法杂交（subtraction hybridization）
47. mRNA 差别显示（mRNA differential display by PCR，DD-PCR）
48. T-DNA 标签法（T-DNA tagging）
49. 表面显示（surface display）
50. 基因克隆（gene cloning）

二、填空题

1. 基因克隆时需要考虑的 3 个基本要点是：________，________，________。

2. 在真核生物的基因组中，编码序列大部分是为________编码的结构基因，此外还有为________、________、________编码的有关基因。非编码序列则包括________，________，________以及________的非翻译区。

3. 大多数真核生物的基因为________，非编码多肽链的序列被称为________，它能够被________，在________加工时被剪切；编码多肽链的序列称为________，这些序列最终仍出现在________分子上。

4. 获得目的基因可以通过以下 4 种方法：________、________、________、________。

5. 根据基因类型，DNA 文库可以分为________和________；根据功能，DNA 文库可以分为________和________；根据构建文库的载体不同，又可以分为________、________、________和________。

6. 物理化学法分离基因主要有________法、________法、________法。

7. 磷酸二酯法合成 DNA 的基本原理是________的脱氧单核苷酸连接起来，形成一个通过________键相连的脱氧二核苷酸。

8. 选择基因组文库的载体时主要考虑的参数是________，构建基因文库中常用的载体可以插入的 DNA 片段长度上限分别为：质粒________，噬菌体________，黏粒________，YAC________。

9. 选择 cDNA 文库的载体时首要考虑的是________，其次要考虑的是________。如果用寡核苷探针筛选，可以构建________型 cDNA 文库和________ cDNA 文库；如果用蛋白质的生物活性或免疫法筛选，则需构建________型 cDNA文库。

10. 酵母人工染色体必须包含的真核细胞周期线形染色体自我复制、分离和传递的关键染色体序列是________、________和________。

11. PCR 的三大步骤为：________、________、________。

12. 如果已知基因的部分序列，则通过________、________、________等技术可以获得基因的全长序列。

13. 酵母双杂交系统中常用的报告基因有________、________，常用的酵母筛选标志有________、________。

14. 目前化学合成寡核苷酸大多数是在合成仪上自动进行的。DNA 自动合成仪采用的是________法和________法。由于________法具有速度快、效率高、副反应少的优点，已经在自动合成仪中被广泛采用。

15. 磷酸二酯法合成寡核苷酸的原理是，将两个分别在________或________带有适当保护基的________连接起来，形成一个带有________键的________。

16. 亚磷酸三酯法合成寡核苷酸的原理是：将所要合成的寡核苷酸链的________与一个不溶性载体连接，然后依次按________方向将核苷酸单体加上去。

17. 亚磷酸三酯法合成寡核苷酸所使用的核苷酸单体的活性官能团都是经过保护的，其中 5′-OH 用________保护，3′端的二异丙基亚磷酸酰上的—OH 用________或________保护。

18. 原核生物基因的启动子包含两段保守区域，分别为－10 区的________，和－35 区的________序列。通常________之间的序列对启动子的功能并不十分重要，而________之间的序列对决定操纵子是否转录起重要作用。

19. 真核生物基因的启动子不像原核生物的启动子那样具有高度保守、功能明确的区域，但是也包含三个比较保守的序列，分别为：－25～－30 的________序列、－70～－80 的________序列，－80～－100 的________序列。

20. 大肠杆菌中存在两种终止子，一种是________的终止子，一种是________的终止子。依赖________的终止子必须在有________的作用下才能发挥作用，其回文结构不含有________，回文序列后也没有________。

21. 在碱裂解法制备质粒的实验中，至少有两个步骤能够去除蛋白质：________________和________________。

22. DNA 纯化有以下 3 种方法：____________________、________________和____________________。

23. 当提取的 DNA 浓度达不到实验要求时，必须进行浓缩，实验室中常用的方法有：________、________和________。

24. 检测 DNA 分子或 DNA 片段大小的电泳方法有：________、________、________、________。

25. 根据 DNA 在中性或偏碱性的缓冲系统中的带电情况，在电泳迁移过程中，处于凝胶________DNA 通过凝胶分子筛向________移动。迁移率与 DNA 分子的________和________有关，与 DNA 分子中的________和________无关。

26. 一个能转录、翻译的结构基因（依次）包括 4 部分：________、________、________和________。

27. 一般情况下，一个完整的基因组文库所需要的克隆总数应取决于________以及________。

28. 原核启动子是由________组成，对________合成极为重要。

29. ________序列以及其________________距离决定了 mRNA 在细菌中的转译效率。

30. 柯斯质粒（cosmid）重组效率比λ噬菌体载体的重组效率低，其主要原因是：________________________。

31. YAC 载体是以 pBR322 质粒 DNA 为骨架构建的，带有 pBR322 质粒 DNA 的________和________，此外还加入作为酵母染色体所必需的一些组成部分：①________；②________；③________；④________；⑤________。

32. 酵母双杂合系统可用于检测已知蛋白质之间的相互作用，而且可用于________研究及________等。

33. 利用________法可以从部分重叠的 DNA 片段或两个靶基因中克隆出共有序列。

34. ________特别适合用于进行极大规模的杂交筛选。

35. 酚是蛋白质变性剂，用酚抽提细胞 DNA 时，具有两方面的作用：①________，由于此也能 ②________，从而释放出________，提高 DNA 的得率。

36. 浓缩 DNA 的方法有：________，________，________，________。

37. 在用 SDS 分离 DNA 时，要注意 SDS 的浓度，0.1%和 1%的 SDS 的作用效果是不同的，前者________，而后者________。

38. 用乙醇沉淀 DNA 时，通常要在 DNA 溶液中加入单价的阳离子，如 NaAc，其目的是________，增加________。

39. 引物在基因工程中至少有 4 个方面的用途：①________；②________；③________；④________。

40. 构建λ噬菌体基因组文库的步骤包括________，________，________和________。

41. 在 320nm 波长的紫外光下，同 DNA 络合的溴化乙锭发出________。

42. mRNA 差异显示 PCR 中通常应用________条下游引物和________条上游引物，它们有________种组合，可扩增出大约________种 cDNA。

三、判断题

1. 判断细菌人工染色体是以 F 因子为基础构建的大容量克隆系统。（　）

2. 通过自我引导法、大肠杆菌 RNaseH 降解取代法、oligo（dG）寡聚引物

引导法均不能合成全长的双链 cDNA。（ ）

3. 基因就是编码蛋白质多肽链的 DNA 序列。（ ）

4. PCR 体系中的 dNTP 包括以下 4 种脱氧核糖核苷酸：dATP、dUTP、dGTP、dCTP。（ ）

5. 亚磷酸三酯法合成寡核苷酸的方向是 $3'\rightarrow5'$，天然的 DNA 聚合酶能且只能进行 $5'\rightarrow3'$ 的合成。（ ）

6. 酵母双杂交系统中使用的质粒为能在大肠杆菌和酵母中进行复制的穿梭质粒，质粒上无需包含编码核定位序列的核苷酸序列。（ ）

7. 根据 poly（A）前两个核苷酸排列不同可以将 mRNA 分为 16 类。（ ）

8. ATG 为起始密码子，其中的 A 是 mRNA 转录的起始位点。（ ）

9. 启动子是 RNA 聚合酶识别、结合和开始转录的一段 DNA 序列，转录的起始位点就是转录 mRNA 的第一个碱基。（ ）

10. 质粒 DNA 能够编码少量结构基因，一般不含内含子。（ ）

11. 病毒基因组多以多顺反子进行转录，很多基因为重叠基因，不含有内含子。（ ）

12. 线粒体基因一般以多顺反子进行转录，缺少 SD 序列，没有内含子。（ ）

13. 叶绿体基因一般以多顺反子进行转录，启动子与原核生物的启动子相似。有的叶绿体基因含有内含子。（ ）

14. 原核生物的基因多数以操纵子形式存在，完成同类功能的多种基因聚集在一起，处于同一个启动区的调控之下，下游具有同一个终止子。但是每个基因分别有起始密码 ATG 和终止密码 TAA（TAG、TGA）。（ ）

15. 真核生物染色体基因组的基因一般单独存在，并且两个基因之间有很长的非编码序列间隔区。基因内部也有一个或多个非编码区间隔序列，一个基因只有起始密码 ATG 和终止密码 TAA（TAG、TGA）。（ ）

16. 终止子是 DNA 上提供转录终止信号的一段序列，终止因子是协助 mRNA 聚合酶识别终止信号的辅助因子（蛋白质），终止密码子又称为无义密码子，不编码任何氨基酸，决定着蛋白质合成的终止点。（ ）

17. 化学法测序得到的序列信息是待测 DNA 本身的脱氧核糖核苷酸序列，双脱氧链终止法得到的则是待测 DNA 的互补链的脱氧核糖核苷酸序列。（ ）

18. 在碱裂解法提取大肠杆菌质粒 DNA 的实验中，加入溶液Ⅱ混匀后冰浴放置 5min 后加入溶液Ⅲ，加入溶液Ⅲ混匀后冰浴放置 3～5min。这两个步骤中冰浴放置的时间都是严格确定的，不可以缩短或延长。（ ）

19. 所有原核生物的终止子在终止点之前均有一段回文结构。（ ）

20. 所有的发夹型的二级结构都是终止序列。（ ）

21. 一个理想的基因组文库应该是在克隆群体中包含完整基因组的所有 DNA 序列。（ ）

22. 生长因子调节基因的克隆是减法杂交成功应用的一个典型例子。(   )

23. 减法杂交的对象只能是基因组 DNA。(   )

24. 启动区是 RNA 聚合酶识别、结合和开始转录的一段 RNA 核苷酸序列。(   )

25. λ 噬菌体比柯斯质粒能容纳更大的外源 DNA 片段。(   )

26. cDNA 序列不能反映基因的内含子，但能反映基因的转录启动子和终止子以及与核糖体识别 mRNA 相应的核苷酸序列。(   )

27. 核苷酸探针只能是从部分蛋白质序列中推测的人工合成的寡核苷酸序列。(   )

28. 不同组织、不同发育阶段的 cDNA 文库是有差异的。(   )

29. 细胞总 RNA 中，mRNA 含量最丰富，占总含量的 80%～85%。(   )

30. 定量 PCR 技术可对 PCR 扩增全过程进行实时动态检测，可精确到几个到几百万个起始拷贝。(   )

31. 表达序列标签法研究的是被翻译的氨基酸序列。(   )

32. 酵母双杂交系统可用于蛋白质和 RNA 之间相互的研究。(   )

33. 所谓引物就是与 DNA 互补的一小段 RNA 分子。(   )

34. 琼脂糖-EB 电泳法分离纯化 cccDNA (covalently closed circular DNA) 时，EB 可以较多地插入到 cccDNA 中，因而迁移速度较快。(   )

35. 最有效的制备 RNA 的方法是让其在细胞中超表达，然后提纯。(   )

36. 原位 PCR 与常规 PCR 相比，还需抽提组织细胞中的核酸。(   )

37. 简并引物是根据已知 DNA 序列设计的引物群。(   )

38. 碱法和煮沸法分离质粒 DNA 的原理是不相同的。(   )

39. 一致序列克隆法特别适合用于进行极大规模的杂交筛选。(   )

四、选择题

1. 从细胞或组织中分离 DNA 时，常用蔗糖溶液，目的是：(   )。

A. 抑制核酸酶的活性　　　　B. 保护 DNA，防止断裂

C. 加速蛋白质变性　　　　　D. 有利于细胞破碎

2. 用 SDS-酚来抽提 DNA 时，SDS 的浓度是十分重要的，当 SDS 的浓度为 0.1%时，(   )。

A. 只能将 DNA 抽提到水相

B. 只能将 RNA 抽提到水相

C. 可将 DNA、RNA 一起抽提到水相

D. DNA 和 RNA 都不能进入水相

3. 变色的酚中含有氧化物，这种酚不能用于 DNA 分离，原因主要是：(   )。

A. 氧化物可使 DNA 的磷酸二酯键断裂

B. 氧化物与 DNA 形成复合物

C. 氧化物会改变 pH

D. 氧化物在 DNA 分离后不易除去

4. 在分离 DNA 时，异戊醇的作用是：(　　)。

A. 使蛋白质脱水　　B. 使 DNA 脱水

C. 帮助 DNA 进入水相　　D. 减少气泡，促进分相

5. PCR 实验的特异性主要取决于(　　)。

A. RNA 聚合酶的种类　　B. 反应体系中模板 DNA 的量

C. 引物序列的结构和长度　　D. 4 种 dNTP 的浓度

6. 用来分析鉴定 DNA 的技术是(　　)。

A. 亲和层析　　B. Northern 杂交

C. Western 杂交　　D. Southern 杂交

7. 有关 PCR 描述下列哪项不正确？(　　)

A. 是一种酶促反应　　B. 扩增的对象是 DNA 序列

C. 理论上产量是按指数倍扩增　　D. 扩增的对象是氨基酸序列

8. 在长模板链的指导下引物延伸合成长的 DNA 互补链时应首选(　　)。

A. T7 DNA 聚合酶　　B. Klenow 酶

C. 大肠杆菌 DNA 聚合酶 Ⅰ　　D. T4 DNA 聚合酶

五、简答题

1. 简述原核生物基因的组成，并对各总分进行简单介绍。

2. 简述真核生物基因的组成，并对各总分进行简单介绍。

3. 简答酵母双杂交系统的 3 个组成成分。

4. 简答引物应该符合的条件。

5. 简答酵母双杂交的基本原理。

6. 简答 mRNA 差别（异）显示技术的原理。

7. 什么是 DNA 化学降解测序法？

8. 什么是 DNA 双脱氧链终止测序法？

9. DNA 的琼脂糖凝胶电泳应该考虑到的参数有哪些？

10. 简答柯斯质粒作为构建基因组文库载体的优缺点。

11. 构建 cDNA 文库主要包括哪些步骤？

12. PCR 反应包括引物与 DNA 模板链间的解链与复性，请讨论循环温度范围对引物-DNA 双螺旋稳定性的影响及对 PCR 产率的影响。

13. 分离 DNA 时，为什么要在缓冲液中加入一定浓度的 EDTA 和蔗糖？

14. SDS 是分离 DNA 时常用的一种阴离子除垢剂，它有哪些作用？

15. 何谓简并引物？简并引物设计的一般原则是什么？

16. 完全的回文序列的两个基本特点是什么?

17. 在酶切反应缓冲液中加入BSA的目的是什么?机理是什么?

18. 列举绘制限制性图谱的方法。

19. 引物有哪些类型?

20. 简述PCR扩增平台期。

21. 简述RT-PCR技术以及应用。

22. 限制性内切核酸酶的作用机制是什么?

23. 在应用酵母双杂交系统筛选与一种已知蛋白质相互作用的另一种蛋白质时,哪些因素易导致假阳性?

24. 为什么反转录酶在聚合反应中会出错?

六、问答题

1. 什么叫基因文库,基因文库主要包括哪两个类型,有何区别?

2. 获取目的基因的方法大致分为几种?

3. 鸟枪法获得目的基因的步骤及特点有哪些?

4. 请问获得天然DNA的一般步骤是什么?

5. 请阐述基因表达系列分析(serial analysis of gene expression,SAGE)技术的原理和实验路线。

6. 请问mRNA丰度与cDNA文库大小的关系?减小cDNA文库所含克隆子数的措施是什么?

7. 什么是cDNA文库?它与基因组文库有何差别?

8. 什么是保护碱基?加入保护碱基的目的是什么?

9. PCR的原理是什么?

10. Sanger的双脱氧法测序的原理是什么?

11. 长片段PCR中对模板、引物和聚合酶各有什么要求?为什么?

12. 编码蛋白质的基因的启动子通常有几个保守区?分别是什么?

【参考答案】

一、名词解释

1. 基因组:略。

2. 基因:略。

3. 调节基因:是参与调控其他一种或多种基因表达的基因,调节基因可以通过编码蛋白,或者在RNA水平上(如编码microRNA)调节其他基因的表达。

4. 鸟枪法:是将基因组按照染色体分开后,将其打乱,切成碎片,进行随机测序,测序后再将其拼接起来的基因测序方法。

5. 定位克隆:略。

6. Oligo-capping方法:寡核苷酸帽法,是一种用人工合成的寡核苷酸替代真核细胞mRNA 5′端帽子结构的简便方法。这种寡核苷酸可以作为mRNA起始位点的序列标签。通过Oligo-capping方法可以构建两类cDNA文库,一类是全长富集的cDNA文库,另一类是5′端富集的cDNA文库。

7. 标准化 cDNA 文库：构建在某一特定组织或细胞中表达的每个基因含有等量的 cDNA 文库，故又称为等量化 cDNA 文库。

8. 引物：是一小段单链 DNA 或 RNA，作为 DNA 复制的起始点，在核酸合成反应时，作为每个多核苷酸链进行延伸的出发点而起作用的多核苷酸链。在引物的 3′-OH 上，核苷酸以二酯键形式进行合成，因此引物的 3′-OH，必须是游离的。

9. 聚合酶链反应：略。

10. 反转录 PCR：略。

11. 反向 PCR：略。

12. 盒式 PCR：利用 cassette（人工合成的带有适当限制性内切核酸酶的黏性末端较长的双链 DNA 分子）和 cassette 上的引物，特异性扩增目的基因组 DNA 未知区域的一种有效方法。首先用适当的限制性内切核酸酶在已知 DNA 区域没有识别位点处切割，产生含有上下游未知区域的 DNA 分子，然后用含有对应性限制性内切核酸酶位点的 cassette 进行连接。接着用 cassette 引物 1 和根据已知序列设计的特异反义引物 1 配对，cassette 引物 2 和根据已知序列设计的特异反义引物 2 配对，进行巢式 PCR 来扩增基因上游未知区。同样用根据已知区域设计的特异正义引物 1 和 cassette 引物 1 配对，根据已知区域实际的特异正义引物 2 和 cassette 引物 2 配对，进行巢式 PCR 来扩增基因下游的未知区。

13. RACE 技术：RACE 是一种通过 PCR 进行 cDNA 末端快速克隆的技术，是以 mRNA 为模板反转录的 cDNA 第一条链后用 PCR 技术扩增出某个特异位点到 3′、5′之间的未知序列的方法，分别称为 3′-RACE 或 5′-RACE。

14. 转座子标签法：略。

15. 目的标签法：首先将功能性转座子导入要分离目的基因的显性纯合体中，然后与隐性纯合体杂交，子代中出现 3 种表型：一种是与亲本一致的显性表型，另外两种是转座子插入引起的突变表型或隐性表型。其中突变表型的子代是我们所要研究的对象，将其自交，获得突变纯合体。构建突变纯合体文库后进行筛选。

16. 非目的标签法：首先将功能性转座子导入要分离目的基因的隐性纯合体中，然后与显性纯合体杂交，子一代自交产生子二代，在子二代中筛选表型突变的植株，利用子二代的突变纯合体构建基因组文库进行筛选。

17. SD 序列：在原核生物结构基因的转录点下游不远处，总有一个 5′-AGGAGG-3′序列，转录出 mRNA 上的 5′-AGGAGG-3′序列，与核糖体 30S 亚基 16S rRNA 3′端的 5′-CCUCCU-3′互补，成为 30S 亚基识别和结合 mRNA 的位点。把此序列称为 SD 序列。

18. 重叠基因：略。

19. 重复基因：略。

20. 结构基因：略。

21. 目的基因：略。

22. 基因组文库：略。

23. 套式 PCR：略。

24. 锚定 PCR：略。

25. CpG 岛：又称为 HpaⅡ小片段岛、HTF 岛（HpaII-ting-fragment island），在人类基因组中大多数 CG 位点都是高度甲基化的，但仍有少数的 CG 位点是低甲基化或非甲基化的，这种低甲基化或非甲基化的 CG 位点就是 CpG 岛。

26. 剪接位点筛选法：是利用与剪接位点序列一致的简并寡核苷酸作为探针来筛选目的基因。

27. 终止子：在一个基因的 3′端或是一个操纵子的 3′端，提供转录停止信号的 DNA 核苷酸序列称为终止子。

28. 终止因子：协助 mRNA 聚合酶识别终止信号的辅助因子（蛋白质）称为终止因子。

29. cDNA 基因文库：略。

30. 多重 PCR：是指利用多对引物同时

扩增模板上的多个靶序列，以确定待检测的基因片段存在与否及其数量的PCR方法。

31. 原位PCR：是指对组织细胞中特异DNA或RNA进行PCR扩增，然后直接检测或用原位杂交对扩增产物进行分析的一种方法。

32. 定量PCR：又称差示PCR，即通过PCR扩增来定量扩增体系中的DNA或RNA的起始拷贝数量。

33. EST：是指基因序列中一段能特异地标记或表征基因的序列，通常它含有足够的结构信息以显示出该基因与其他基因的差异，长度一般为100～500bp。

34. 染色体步查法：略。

35. 基因定位克隆：又称为图位克隆(map-based cloning)，也有人称之为候选基因克隆（candidate gene cloning)，是人类基因克隆或植物抗病基因的克隆研究中常用的方法，它主要是根据目的基因在基因组上的位置特性而不是编码产物来进行基因克隆。

36. 染色体显微切割与微克隆技术：是指在显微操作条件下对特定染色体进行显微切割、分离，并通过构建特定染色体或区域特异性DNA或cDNA文库以进行目的基因的分离克隆方法。

37. 不对称PCR：略。

38. 长程PCR：略。

39. RFLP：限制性内切核酸酶片段长度多态性，RFLP是根据不同品种（个体）基因组的限制性内切核酸酶的酶切位点碱基发生突变，或酶切位点之间发生了碱基的插入、缺失，导致酶切片段大小发生变化，这种变化可以通过特定探针杂交进行检测，从而可比较不同品种（个体）的DNA水平的差异(多态性)，多个探针的比较可以确立生物的进化和分类关系。

40. RAPD：随机扩增多态性DNA，其基本原理与PCR技术一致。RAPD技术是建立在PCR基础之上的一种可对整个未知序列的基因组进行多态性分析的分子技术。其以基因组DNA为模板，以单个人工合成的随机多态核苷酸序列（通常为10个碱基对）为引物，在热稳定的DNA聚合酶（如*Taq*酶）作用下，扩增特定DNA分子，获得的一系列不同长度的DNA片段。

41. 差别杂交：分别制备两种细胞群体的mRNA提取物，其中一个群体含有目的基因mRNA，另一个群体不含。以这两种总mRNA（或其cDNA）为探针，分别筛选由表达目的基因的细胞群体构建的cDNA文库。

42. 启动子：是一段提供RNA聚合酶识别和结合的DNA序列，它位于基因的上游。其长度因生物的种类不同而异，一般不超过200bp。

43. 转录起始位点：转录mRNA的第一个碱基，多数是A，以此作为序列的+1，其上游核苷酸序列为“－”，下游核苷酸序列为“+”。

44. 表达序列标签：略。

45. 基因表达系分析法：略。

46. 减法杂交：略。

47. mRNA差别显示：略。

48. T-DNA标签法：略。

49. 表面显示：略。

50. 基因克隆：略。

二、填空题

1. 克隆基因的类型检测；受体细胞的选择；载体的选择

2. 蛋白质多肽链；tRNA；rRNA；snRNA；基因之间的间隔序列；调节基因表达的调节序列；基因内部的间插序列；相应于mRNA 5′端、3′端

3. 不连续基因；内含子；转录；前体mRNA；外显子；成熟mRNA

4. 直接分离；化学合成；聚合酶链反应；文库筛选

5. 基因组文库；cDNA 文库；克隆文库；表达文库；质粒文库；噬菌体文库；黏粒文库；人工染色体文库

6. 密度梯度离心；单链酶；分子杂交

7. 将两个分别在 3′，5′端带有适当保护；磷酸二酯

8. 基因组大小；10kb；23kb；45kb；1000kb

9. 目的基因的 mRNA 在细胞内的丰度；cDNA 文库的筛选方法；表达；非表达型；表达

10. 自助复制 DNA 序列；着丝粒 DNA 序列；端粒 DNA 序列

11. 变性；退火；延伸

12. 反向 PCR；盒式 PCR；RACE

13. *LacZ*；*His*3；Trp 缺陷型；Leu 缺陷型

14. 固相磷酸二酯；亚磷酸三酯；亚磷酸三酯

15. 3′端；5′端；脱氧单核苷酸；磷酸二酯；脱氧二核苷酸

16. 3′端的 3′-OH；3′→5′

17. 4，4-二对甲氧基三苯甲基；甲基；β-氰乙基

18. pribnow 框；TTGACA；－10 区和－35 区；－10 区和转录起始位点

19. TATA；CAAT；GC

20. 依赖 ρ（rho）因子；不依赖 ρ（rho）因子；ρ 因子；ρ 因子富含 G-C 区；寡聚 U 序列

21. 加入溶液Ⅱ、酚仿抽提

22. 氯化铯-溴化乙锭连续梯度离心法；离子交换层析法；琼脂糖凝胶电泳洗脱法

23. 乙醇沉淀法；正丁醇抽提法；聚乙二醇浓缩法

24. 琼脂糖凝胶电泳；聚丙烯酰胺凝胶电泳；琼脂糖-聚丙烯酰胺凝胶电泳；脉冲场凝胶电泳

25. 负极端的；正极端；构型；大小；碱基顺序；组成

26. 转录启动区、核糖体识别区、编码区；转录终止区

27. 外源基因组的大小；切割片段的大小。

28. 两段彼此分开且又高度保守的核苷酸序列；mRNA

29. SD；与起始密码子 AUG 之间的

30. 很难提供高质量的大分子质量（>100kb）基因组 DNA。

31. 复制位点 ori；筛选标记 Amp^r；一段来自酵母染色体的着丝粒序列；一段控制酵母 DNA 复制的自主复制序列；一对酵母的端粒序列；选择标记 TRP1 和 URA3；克隆位点。

32. 蛋白质的功能域；未知蛋白编码基因的克隆分离

33. 一致序列克隆

34. cDNA 列阵杂交法

35. 使蛋白质变性；使核小体和核糖体解聚；DNA 和 RNA

36. 包埋吸水法；蒸发法；膜过滤法；有机溶剂抽提法

37. 只将 RNA 分离出来；将 DNA 与 RNA 一起分离出来

38. 中和 DNA 分子的负电荷；DNA 分子之间的凝聚力

39. 合成探针；合成 cDNA；用于 PCR 反应；进行序列分析

40. 获得含基因的 DNA 片段；与 λ 噬菌体克隆载体重组；转化受体菌；筛选克隆子

41. 红色荧光

42. 12；20；240；2 万

三、判断题

1. √	2. ×	3. ×	4. ×	5. √
6. ×	7. ×	8. ×	9. √	10. √
11. ×	12. ×	13. √	14. √	15. √
16. √	17. √	18. ×	19. √	20. ×
21. √	22. ×	23. ×	24. ×	25. ×

26. × 27. × 28. √ 29. × 30. √
31. × 32. × 33. × 34. × 35. ×
36. × 37. × 38. × 39. ×

四、选择题

1. B 2. B 3. A 4. D 5. C
6. D 7. D 8. A

五、简答题

1. 答：① 基因区：原核生物的基因多数以操纵子形式存在，完成同类功能的多种基因聚集在一起，出于同一个启动区的调控之下，下游同样具有一个终止子。但各个基因分别有起译码（起始密码子）和休止码（终止密码子）。② 启动区：启动区是 RNA 聚合酶识别、结合和开始转录的一段 DNA 核苷酸序列。③ SD 区：在起译码序列 ATG 上游约 10bp 处，有一个富含嘌呤的保守序列区。由此区转录的 5′ AGGAGGU 3′ 序列与 16S rRNA 3′ 端序列 3′ UCCUCCA 5′互补，称为 16S rRNA 识别、结合 mRNA 的位置，核糖体由此位置向前移动，寻找 AUG 密码子。④ 转录终止子和终止因子：终止子，在一个基因的 3′端或是一个操纵子的 3′端，提供转录停止信号的 DNA 核苷酸序列称为终止子；终止因子：协助 mRNA 聚合酶识别终止信号的辅助因子（蛋白质）称为终止因子。

2. ① 基因区：真核生物染色体基因组的基因一般单独存在，并且两个基因之间有很长的非编码间隔序列区，即有内含子和外显子之分。尽管某基因是由多个外显子和内含子组成，但只有一个起译码和一个休止码以及信号翻译因子。② 转录启动区：真核生物的 3 类 RNA（rRNA、mRNA、tRNA）分别由 RNA 聚合酶Ⅰ、Ⅱ、Ⅲ转录。编码蛋白质的基因的启动子（RNA 聚合酶Ⅱ识别的启动子）通常有 3 个保守区：TATA 框、CAAT 框、GC 框。③ 转录终止子：mRNA 在靠近 3′端区有一段非常保守的序列 AAUAAA，这一序列离多聚腺苷 poly（A）加入位点的距离为 11～30 个核苷酸范围内，一般认为这一序列为链的切断和多聚腺苷酸化提供了某种信号。此序列在 DNA 上对应的是 AATAAA 序列。

3. 答：酵母双杂交系统的 3 个组成成分是：①带有一个或多个报告基因的宿主菌，为了防止内源性转录激活因子的影响，人们将转录因子的基因敲除掉，发展成双杂交宿主菌；②与酵母转录激活因子的 DNA-BD 结构域融合表达的蛋白质，这个蛋白质被称为诱饵蛋白（bait）；③与酵母转录激活因子的 AD 结构域融合表达的蛋白质，这个蛋白质被称为靶蛋白（prey）。

4. 答：(1) 引物长度一般为 15～30bp；

(2) 碱基随机分布，(G＋C)％应为 45％～55％；

(3) 引物内部不应形成二级结构，引物之间不能互补；

(4) 引物 3′端的碱基最好不选 A，以利于延伸；

(5) 可在 5′端加酶切位点序列和保护碱基。

5. 答：酵母双杂交体系基于许多真核生物转录激活因子都是由两个在结构上可以分开且功能独立的结构域，一个是与 DNA 调控序列结合的 DNA 结合结构域（DNA-BD），另一个是与基本转录复合物相互作用的转录激活结构域（AD），两者单独都不能激活及引发转录。

通过 DNA 重组技术，将两个结构域的编码区分别克隆到不同的载体上，使得 DNA-BD 与已知的诱饵蛋白组成融合蛋白，而 AD 与另外的未知的靶蛋白形成融合蛋白，这两种载体共转化酵母细胞并表达。如果诱饵蛋白和靶蛋白间有相互作用，则可使 DNA-BD、AD 空间上比较接近，呈现完整的转录激活因子活性，从而启动下游报告基因的表达。

6. 答：合成两组引物，通过随机组合，

细胞内所有的mRNA均有扩增机会，PCR产物经凝胶电泳分析，可看出不同细胞，不同发育时期的mRNA转录的特异性。

用oligo（dT)$_{12}$MN共12种反转录锚定引物，可将所有的mRNA反转录成大致相等但结构不同的12份cDNA亚群，这个过程称为差异显示反转录（DDRT)。PCR所用的5′引物为10mer的随机引物，选择不同的随机引物只可扩增总cDNA中的一部分cDNA链。通常采用12种反转录引物和20种5′随机引物进行240组扩增，可以得到20 000条左右的DNA带，每一条都代表一种特定的mRNA，基本覆盖了总mRNA的96%。扩增产物经过变性的聚丙烯酰胺凝胶电泳可以显示50～100条长度为100～500bp的条带。如果将两组样品同时进行DDRT-PCR，电泳图上同一位置某条条带的有无可能显示的就是基因的差异表达。

7. 答：DNA化学降解测序法又称为Maxam-Gilbert测序法。其基本原理是，将待测DNA分子进行末端放射性标记，然后置于4组独立进行的化学反应体系中分别进行部分降解，其中每一组反应特异性是针对某一种碱基或某一类碱基。经过一段时间的反应后，在每组反应体系中，生成各种长度的、一端为放射性标记固定的寡核苷酸分子，经聚丙烯酰胺凝胶电泳和放射自显影检测后可以读出待测碱基的序列。

8. 答：DNA双脱氧链终止测序法又称为Sanger测序法、引物合成法或酶促引物合成法。该法是以待测DNA为模板，在DNA聚合酶Ⅰ的作用下，利用适当的DNA合成引物进行DNA互补链的合成来完成DNA测序工作。其基本原理是，DNA聚合酶能够利用单链DNA作模板，合成对应的互补DNA链，但在反应中如果2′,3′-双脱氧核糖核苷酸三磷酸底物掺入到寡核苷酸链的3′端，DNA链的延伸反应即被终止。在4个特定的反应体系中分别加入一种ddNTP底物（ddCTP、ddATP、ddGTP、ddTTP）以及DNA模板、合成引物、DNA聚合酶Ⅰ、一定浓度的dNTP（dCTP、dATP、dGTP、dTTP，其中一种是带有^{32}P标记的)，是DNA链的合成随机终止于某一种特定的ddNTP。最后通过聚丙烯酰胺凝胶电泳和放射性自显影技术读出待测DNA的序列。

9. 答：DNA的琼脂糖凝胶电泳应该考虑的参数有：①凝胶缓冲液和电泳缓冲液。一般采用同一种缓冲液配制凝胶和进行电泳。②凝胶中琼脂糖的含量。根据待分离的DNA的大小选择凝胶浓度，DNA越大凝胶浓度越小。③加入DNA样品的量。每个点样孔中加入的DNA量应控制在1μg以下，太多则不易分开分子质量接近的DNA条带，太少会影响小片段DNA的检测。④电泳的电压高低。电压应控制在1～10V/cm，一般片段较大的DNA应该在低压长时间的条件下进行电泳可获得好的分辨效果；片段较小的DNA在凝胶中容易扩散，因此必须在高电压短时间的条件下进行电泳，可得到清晰度高的DNA带。⑤溴化乙锭染色和紫外观察。

10. 答：优点：①柯斯质粒比λ噬菌体能容纳更大的外源DNA片段（30～45kb)，构建完整的基因组文库所需的克隆数目减少，便于克隆和筛选。②载体本身的分子很小，一般只有5kb左右，便于直接分析插入片段的限制性内切核酸酶图谱。

缺点：①筛选困难。②重组效率低。③文库不易保存。

11. 答：构建cDNA文库主要包括：①分离细胞总RNA，并从总RNA中分离纯化出mRNA。②以mRNA分子为模板，合成cDNA第一条链。③双链DNA的合成，即将mRNA-DNA杂交分子转变为双链cDNA分子。

12. 答：由于GC对之间是3个氢键的作用力，比2个氢键作用力的AT对要稳定，因此DNA的解链与退火都是依赖于G+C的含量与 A＋T 的含量的比例。GC 对普遍比 AT 对更倾向于非特异的复性；GC 含量太低导致引物 T_m 值较低，使用较低的退火温度不利于提高 PCR 的特异性，即 GC 含量高的引物比 AT 含量高的引物更适合于 PCR 反应。

13. 答：EDTA 是螯合剂，可与 Mg^{2+} 螯合，使核酸酶失去作用的辅助因子，从而被抑制活性。蔗糖增加缓冲液的黏度，保护 DNA 不易断裂。

14. 答：SDS 的作用包括：①溶解膜蛋白及脂肪，从而使细胞膜破裂。②溶解核膜和核小体，使其解聚，将核酸释放出来。③对 RNase、DNase 有一定的抑制作用。④SDS 能与蛋白质结合形成 R-O-SO_3—R^+-蛋白质复合物（R 代表十二烷基，R^+-代表蛋白质中带正电荷的基因），使蛋白质变性沉淀。

15. 答：简并引物是指根据肽链的氨基酸序列（或部分序列），并充分考虑密码子的简并性而设计的，用于 PCR 扩增的混合引物之间具有不同的碱基组成，但碱基数量是相同的。由于充分考虑了密码的简并性，在这种混合引物中必定有一种引物可以和该基因的 DNA 序列精确互补。

简并引物设计的一般原则是：①选择保守区设计简并引物；②选择简并性低的氨基酸密码区设计引物；③注意密码的偏爱性；④使用尽可能短的引物，以降低简并性，最短可用 15～20 个碱基；⑤由于 *Taq* DNA 聚合酶在 PCR 扩增时容易掺入错误碱基，所以设计的引物，其 3′端尽量使用具有简并密码的氨基酸。

16. 答：①能够在中间画一个对称轴，两侧的序列两两对称互补配对；②两条互补链的 5′→3′的序列组成相同，即将一条链旋转 180°，两条链重叠。

17. 答：目的是保护酶活性；机理是通过提高溶液中蛋白质的浓度，防止酶失活。

18. 答：①双酶切法；②部分酶切法；③Bal31 逐步切割 DNA 片段法。

19. 答：存在于自然中生物的 DNA 复制引物（RNA 引物）和聚合酶链反应（PCR）中人工合成的引物（通常为 DNA 引物）。一般所说引物，指 DNA 引物，以下简称引物。

20. 答：PCR 过程经过一定次数的循环后，待扩增的 DNA 片段不再以指数关系继续积累，而是进入以线性关系累积或停止累积的平台期。

21. 答：RT-PCR 是 RNA 的反转录（RT）和 cDNA 的 PCR 相结合的技术。首先经反转录酶的作用从 RNA 合成 cDNA，再以 cDNA 为模板，扩增合成目的片段。RT-PCR 技术灵敏而且用途广泛，可用于检测细胞中基因表达水平，细胞中 RNA 病毒的含量和直接克隆特定基因的 cDNA 序列。作为模板的 RNA 可以是总 RNA、mRNA 或体外转录的 RNA 产物。无论使用何种 RNA，关键是确保 RNA 中无 RNA 酶和基因组 DNA 的污染。

22. 答：限制性内切核酸酶以环状和线形的双链 DNA 为底物，在合适的反应条件下，识别一定的核苷酸序列，使两条核糖链上特定位置的磷酸二酯键断开，产生具有 3′-OH 基团和 5′-P 基团的片段。

23. 答：如果报告基因的转录被自动激活或可单独被已知蛋白激活时，易导致假阳性。

24. 答：由于反转录酶缺少在 *E. coli* DNA 聚合酶中起校正作用的 3′→5′外切酶活性，所以聚合反应往往会出错，在高浓度的 dNTP 和 Mg^{2+} 下，每 500 个碱基中可能有一个错配。

六、问答题

1. 答：从组织中提取基因组 DNA，用适当方法降解成大小不等的片段，或提取 mRNA，反转录成 cDNA，然后将这些片段与适当的载体（质粒、噬菌体、黏粒或 YAC 载体）连接，转入受体细胞。这样每一个细胞接受了一个外源 DNA 片段与载体连接的重组 DNA 分子，而且可以繁殖扩增，它们一起组成一个含有各外源DNA片段的集合体，称为DNA文库或基因文库。DNA文库就是具有扩增能力的各种DNA片段的混合体。如果这个文库足够大，就能包含该组织全部DNA或该组织全部RNA（以cDNA的形式）的序列。

基因文库可以分为基因组文库和cDNA文库。某种生物的基因组的全部遗传信息通过克隆载体储存在一个受体菌的群体中，这个群体即为这种生物的基因组文库。某种生物基因组转录的部分或全部mRNA经反转录产生的各种cDNA片段分别与克隆载体重组，储存在一种受体菌群中，这样的群体称为cDNA文库。

从基因组包含一整套完整的该种生物的基因信息的概念出发，基因组文库是具有生物种属特异性的。从各种不同组织基因表达具有差异性的概念出发，cDNA文库是具有组织特异性的。

对于真核细胞来说，从基因组文库获得基因与从cDNA文库获得的基因不同，基因组文库含有DNA上的所有编码区及非编码区序列，包括基因的外显子和内含子；而从cDNA文库获得基因只反映mRNA的分子结构，不含有真核基因的内含子序列和调控区。

从真核生物基因组文库分离得到的目的基因片段很难直接应用于体外表达的研究，但是它们对真核细胞基因结构的分析、基因表达和调控的研究有重要作用。虽然从文库的容量上看，cDNA文库比基因组文库小得多，但是便于从中筛选得到某种细胞特异表达的基因，并且得到的目的基因可以直接用于表达。

2. 答：(1) 直接分离法：对于多拷贝生物的基因，首先以机械的方法或限制性内切核酸酶切断基因组DNA，再直接分离特定位点上的DNA分子。

(2) 化学合成法：主要用于合成较小的基因、聚寡核苷酸杂交探针、PCR引物和连接用的接头等。较长的基因可以先合成短的DNA片段，然后组装成较长的基因。目前常用的合成寡核苷酸片段的方法有磷酸二酯法、磷酸三酯法、亚磷酸三酯法，以及在后两者基础上发展出来的固相合成法和自动化法。

(3) 聚合酶链反应法（PCR扩增）：可以通过反转录PCR扩增已知序列的基因、或编码已知氨基酸序列的基因序列。可以通过反向PCR、盒式PCR、RACE技术从已知的基因部分序列出发获得基因全长序列。

(4) 文库筛选法：首先构建基因组文库或cDNA文库等文库，通过核酸分子杂交或免疫学方法筛选出含有目的的基因的克隆。

(5) 转座子标签法：利用转座子移位的特性，当其插入某一基因或其关键调控基因的编码区时，会使该基因突变或失活，这样相当于给目的基因标记了序列已知的转座子标签。目前有两种标签方法，一种是目的标签法（targeted tagging），用于筛选明确控制某一性状的目的基因；另一种是非目的标签法（non-targeted tagging），用于筛选因转座子插入引起突变的一群基因，目的是筛选与某一性状相关的几个基因。

(6) 图位克隆获得目的基因：随着分子标记技术的发展，许多重要的经济生物和模式生物的遗传图谱都已经相当精细，含有许多分子标记，这样就为找到与目的基因紧密连锁的分子标记提供了基础。在通过分子标记技术对目的基因进行精细定位基础上，结合大容量载体构建的基因组文库，用分子标记的特异DNA片段为探针，通过染色体步移（chromosome walking）或染色体登陆（chromosome landing）获得目的基因。

(7) mRNA差异显示技术获得差异表达的基因：生物体的基因表达具有时空性，mRNA差异显示技术是对组织特异性或诱导专一性表达基因进行分离的有效方法之一。它是将mRNA反转录和PCR技术相结合发展起来的一种RNA指纹图谱技术。

(8) 酵母双杂交系统分离目的基因：酵母双杂交体系基于许多真核生物转录激活因子。激活因子都是由两个在结构上可以分开且功能独立的结构域组成，一个是与DNA调控序列结合的DNA结合结构域（DNA-BD），另一个是与基本转录复合物相互作用的转录激活结构域（AD)。两者分别融合表达待检测的两种蛋白质，如果两种蛋白质间有相互作用，则可使DNA-BD、AD空间上比较接近，呈现完整的转录激活因子活性，从而启动下游报告基因的表达。

(9) 生物信息技术分离和鉴定目的基因：可以利用EST数据发现新基因，也可以通过蛋白质家族的保守性获得目的基因。

3. 答：鸟枪法是将基因组按照染色体分开后，将其打乱，切成碎片，进行随机测序，测序后再将其拼接起来获得目的基因的方法。鸟枪法包括以下两个主要步骤：①组建基因文库。首先提取细胞的总DNA，然后利用该限制性内切核酸酶或其他机械方法将完整的双链DNA分子随机切割成适当的片段，然后把这些片段连接到合适的载体上，引入受体细胞进行分子克隆。只要测定所有含有重组DNA的克隆的个数，以及插入的染色体DNA片段的长度数据加以统计处理，就可以知道克隆里包含的这个物种染色体DNA遗传信息量的概率。如果库内所有的重组DNA克隆上的染色体DNA已经代表这个物种遗传信息量的95%以上，基因文库构建成功。②检索。应用某种检测方法挑选含有特定目的基因的单一受体细胞。根据重组克隆株表型明显变化，挑选含有目的基因的单一细胞株。在某些目的基因能在某一细胞株中表达出特定基因产物的条件下，还可应用免疫学方法检测这些产物，间接证明目的基因的存在。利用核酸探针，可直接检测细胞内目的基因。

鸟枪法的特点：鸟枪法除了可以进行目的基因的克隆，还能够用于各种生物细胞的部分基因甚至全基因组进行测序。它的优点是：速度快、简单易行、成本较低，并能获得与天然基因组DNA一样的含有内含子及转录调控序列片段的DNA片段。这样获得的目的基因可供研究、分析基因表达调控；但由于内含子的存在，不适合在原核宿主中表达。它的缺点是：难以补平随机打碎片段所产生的缺口。由于目的基因在整个基因组中的含量太少太小，“命中”某个基因有一定的概率。此外鸟枪法获得基因的专一性较差。

4. 答：目前已经探索出多种提取天然DNA的方法，但是不论采用哪种方法，一般都包括以下3个步骤：①准备生物材料。选用的材料应该来自DNA容易提取和DNA含量最高的组织。例如，提取大肠杆菌质粒DNA，应该将菌液培养至对数生长后期。提取植物DNA时，最好选用幼嫩植株，并且暗培养1～2天，甚至采用黄化苗。提取肝脏DNA时，应清除胆囊，因为胆囊中含有多种高活性的酶，会影响DNA的得率。②裂解细胞。这一步是能否获得DNA及影响DNA得率的关键，如果裂解不完全，DNA不能释放；如果裂解过度，会导致DNA链的断裂。细胞裂解的方法因生物种类不同而不同。对于原核生物可以用溶菌酶处理、NaOH和SDS处理、煮沸处理、冷冻处理及超声波处理等方法裂解细胞。对于结构复杂的动物材料和植物材料，首先必须将其粉碎，为此可以采用液氮冷冻后研磨，或用捣碎机、研钵直接粉碎，随后再参照裂解原核生物的方法裂解细胞。③分离和抽提DNA。根据待提取的DNA的性质，使其与细胞内的其他组分分离。提取总DNA时，只需在细胞裂解液中加入适量的酚氯仿或异戊醇等有机溶液，分开DNA和蛋白质，再用乙醇或异丙醇处理含有DNA的水相，使其沉淀，离心获得DNA。提取细胞器DNA或病毒DNA，则首先要从细胞裂解液中分出完整的细胞器、病毒，抽提它们之前还必须使用DNase处理，水解附着在它们表面的其他DNA。提取质粒DNA

时，首先调节细胞裂解液的 pH 到 12.6，使所有 DNA 变性沉淀，然后调节 pH 到中性，使质粒 DNA 从沉淀物中释放出来。在提取 DNA 的过程中，常采用 RNase 水解 RNA。分离抽提 DNA 最有效的方法是氯化铯梯度离心，待提取的 DNA 按其一定的沉降系数在氯化铯一定的区域集中成带。

5. 答：基因表达系列分析技术的原理是：第一，一个 9 或 10 碱基的短核苷酸序列标签包含有足够的信息，能够唯一确认一种转录物。例如，一个 9 碱基顺序能够分辨 262 144 个不同的转录物（49），而人类基因组估计仅能编码 80 000 种转录物，所以理论上每一个 9 个碱基标签能够代表一种转录物的特征序列。第二，如果能将 9 碱基的标签集中于一个克隆中进行测序，并将得到的短序列核苷酸顺序以连续的数据形式输入计算机中进行处理，就能对数以千计的 mRNA 转录物进行分析。

SAGE 的实验路线：①以生物素标记的（biotinylated）oligo（dT）为引物反转录合成 cDNA，以一种限制性内切核酸酶［锚定酶（anchoring enzyme，AE)］酶切。锚定酶要求至少在每一种转录物上有一个酶切位点，一般 4 碱基限制性内切核酸酶能达到这种要求，因为大多数 mRNA 要长于 256 个碱基。通过链霉抗生物素蛋白珠收集 cDNA 3′端部分。对每一个 mRNA 只收集其 polyA 尾与最近的酶切位点之间的片段。②将 cDNA 等分为 A 和 B 两部分，分别连接接头 A 或接头 B。每一种接头都含有标签酶（tagging enzyme，TE）酶切位点序列（标签酶是一种Ⅱ类限制酶，它能在距识别位点约 20 个碱基的位置切割 DNA 双链）。接头的结构为引物 A/B 序列＋标签酶识别位点＋锚定酶识别位点。③用标签酶酶切产生连有接头的短 cDNA 片段（9～10个碱基），混合并连接两个 cDNA 池的短 cDNA 片段，构成双标签后，以引物 A 和 B 扩增。④用锚定酶切割扩增产物，抽提双标签（ditag）片段并克隆、测序。一般每一个克隆最少有 10 个标签序列，克隆的标签数为 10～50。⑤对标签数据进行处理。

6. 答：某种 mRNA 的丰度越高意味着总 mRNA 的拷贝数越多，意味着 cDNA 文库中储存该基因的概率越大，越容易被分离出来。为了有同样的概率获得不同丰度的 mRNA 的基因，需要构建的 cDNA 文库大小不同。mRNA 丰度高的，只需构建较小的 cDNA 文库；反之，则需构建较大的文库。

减小 cDNA 文库所含克隆子数的措施有：①选取合适的材料，基因的表达在不同组织、不同发育期是有差异的，所以应该尽可能选取目的基因高表达，也就是高 mRNA 丰度的材料提取 mRNA 进行 cDNA 文库的构建。②提高目的基因的 mRNA 在总 mRNA 中所占的比例。

如果已知要分离的目的基因的 mRNA 的分子大小，则可把最初制备的总 mRNA 进行凝胶电泳或密度梯度离心，回收与目的基因 mRNA 分子大小相近的 mRNA 分子构建 cDNA 文库。如果要分离的目的基因的 mRNA 的分子大小是未知的，可把最先制备的总 mRNA 进行凝胶电泳或密度梯度离心，按 mRNA 的分子大小分部回收。随后将各个部分分别进行体外转译，并结合使用免疫沉淀和 SDS-PAGE，鉴定出目的基因的蛋白质产物。再以此部分 mRNA 构建 cDNA 文库。

7. 答：与 mRNA 互补的 DNA 称为 cDNA。cDNA 文库是以某一生物的总 mRNA 为模板，在无细胞系统中，在反转录酶的作用下，首先合成一互补的 DNA，即第一链，破坏 RNA 模板后，再以第一链为模板合成第二链，得到的双链 DNA 称为 cDNA。选用适合的载体，将合成的 cDNA 重组导入寄主细胞，经筛选得到 cDNA 克隆群称为 cDNA 文库。由于 cDNA 技术合成的是不含内含子的功能基因，因此是克隆真核生物基因的一种通用方法。

由于细胞内的基因在表达的时间上并非是统一的，具有发育的阶段性和时间性。有些则需要特殊的环境条件。所以，cDNA文库不可能构建得十分完整，也就是说任何一个cDNA文库都不可能包含某一生物全部编码基因。

cDNA文库与基因组文库的主要差别是：

(1) 基因组文库克隆的是任何基因，包括未知功能的DNA序列，cDNA文库克隆的是具有蛋白质产物的结构基因，包括调节基因。

(2) 基因组文库克隆的是全部遗传信息，不受时空影响；cDNA文库克隆的是不完全的编码DNA序列，因为它受发育和调控因子的影响。

(3) 基因组文库中的编码基因是真实基因，含有内含子和外显子；而cDNA克隆的是不含内含子的基因。

8. 答：限制性内切核酸酶识别特定的DNA序列，除此之外，酶蛋白还要占据识别位点两边的若干个碱基，这些碱基对限制性内切核酸酶稳定地结合到DNA双链并发挥切割DNA作用是有很大影响的，被称为保护碱基。

加入保护碱基的目的是：在分子克隆实验中，有时我们会在待扩增的目的基因片段两端加上特定的酶切位点，用于后续的酶切和连接反应。由于直接暴露在末端的酶切位点不容易直接被限制性内切核酸酶切开，因此在设计PCR引物时，人为地在酶切位点序列的5′端外侧添加额外的碱基序列，即保护碱基，用来提高将来酶切时的活性。

9. 答：PCR反应是模仿细胞内发生的DNA复制过程进行的，在体外由酶催化合成特异性DNA片段。这种方法以DNA互补链聚合反应为基础，通过DNA变性、引物与模板DNA一侧的互补序列复性杂交、耐热性DNA聚合酶催化引物延伸等过程的多次循环，获得待扩增的特异性DNA片段。

10. 答：Sanger的双脱氧法测序的原理是：①以双脱氧的底物取代正常的DNA合成底物掺入到正在合成的新链。②由于是双脱氧，将不能与下一个脱氧单核苷酸形成磷酸二酯键，从而使合成终止。例如，存在ddCTP、dCTP和3种其他的dNTP（其中一种为α-^{32}P标记）的情况下，将引物、模板和DNA聚合酶一起保温，即可形成一种全部具有相同的5′引物端和以ddC残基为3′端结尾的一系列长短不一片段的混合物。经变性聚丙烯酰胺凝胶电泳分离制得的放射性自显影区带图谱将为新合成的不同长度的DNA链中C的分布提供准确信息，从而将全部C的位置确定下来。类似的方法，在ddATP、ddGTP和ddTTP存在的条件下，可同时制得分别以ddA、ddG和ddT残基为3′端结尾的三组长短不一的片段。将制得的4组混合物平行地点加在变性聚丙烯酰胺凝胶电泳板上进行电泳，每组制品中的各个组分将按其链长的不同得到分离，制得相应的放射性自显影图谱。从所得图谱即可直接读出DNA的碱基序列。

11. 答：使用高质量DNA模板，模板必须有较高的纯度和完整性，并使用专用的器皿和试剂，以避免外源DNA污染；使用高特异性引物，即使用略长的引物（25～30bp），引物越长，特异性越高；使用混合的DNA聚合酶，其一具有高扩增效率，其二（用量很少）具有3′→5′外切酶活性能及时切除不匹配碱基的掺入。因为高温条件易损坏长片段DNA；长片段DNA分子变性困难；模板DNA易存在二级结构，使DNA聚合酶与模板DNA趋近效率低；*Taq* DNA聚合酶没有3′→5′外切酶活性，因此不能修复错误的碱基配对。

12. 答：编码蛋白质的基因的启动子（RNA聚合酶Ⅱ识别的启动子）通常有3个保守区：①中心在－20～－30位置的TATAA/TA区，称为TATA框或Hogness

框。其功能可能是起始DNA双链解开，并决定转录的起点位置。②在－75位置左右存在9bp共有序列GGT/CCAATCT，称为CAAT框，其作用可能与RNA聚合酶结合有关。③在更上游处有另一个共有序列GGGCGG，称为GC框，为某些转录因子结合序列。CAAT框和GC框对转录起始效率有较大影响。

第五章 目的基因导入受体细胞

重点提示： 受体细胞（掌握），选择受体细胞的基本原则（掌握），原核生物受体细胞特点（掌握），真菌受体细胞特点（掌握），植物受体细胞特点（熟悉），动物受体细胞特点（熟悉），重组质粒DNA分子转化大肠杆菌（掌握），重组λ噬菌体DNA分子转导大肠杆菌（掌握），重组DNA分子导入植物细胞（了解），重组DNA分子导入哺乳动物细胞（掌握），重组子的筛选原理（掌握），遗传表型直接筛选法（掌握），依赖于重组子结构特征分析的筛选法（掌握），核酸分子杂交检测法（掌握），核酸杂交的探针（掌握），Southern印迹杂交（掌握），Northern印迹杂交（掌握），斑点印迹杂交（熟悉），狭线印迹杂交（熟悉），菌落（或噬菌斑）原位杂交（熟悉），重组子的免疫化学检测法（掌握），重组子的转译筛选法（掌握），亚克隆法（了解），插入失活法（了解），电子显微镜作图检测法（了解），转录产物作图（掌握），基因表达产物分析法（掌握），DNA序列测定法（了解）。

【核心概念】

1. 受体细胞（recipient cell）：又称为宿主细胞或寄主细胞等，是能摄取外源DNA并使其在胞内稳定维持的细胞。

2. 转化（transformation）：重组质粒DNA分子通过与膜蛋白结合进入受体细胞，并在受体细胞内维持稳定和表达的过程称之为转化。

3. 转化子（transformant）：将导入外源DNA分子后能稳定存在的受体细胞称为转化子。

4. 重组子（recombinant）：在转化子中，含有重组DNA的被称为重组子。

5. 阳性克隆子（positive clone）：在重组子中，含有外源目的基因的称为阳性克隆子。

6. 转化率（transformation rate）：是指DNA分子转化受体菌获得转化子的效率。有两种表示方式，其一是以转化子数与用于转化处理的DNA分子数或质量的比率表示，其二是以转化子数与用于转化处理的受体细胞数的比率表示。

7. 转染（transfection）：将重组λ噬菌体DNA分子直接导入受体细胞中的过程，称为转染。

8. 转导（transduction）：通过λ噬菌体（病毒）颗粒感染宿主细胞的途径，将外源DNA分子转移到受体细胞内的过程，称为转导。

9. 体外包装（packaging *in vitro*）：是指在体外模拟λ噬菌体DNA分子在

受体细胞内发生的一系列特殊的包装反应过程，将重组 λ 噬菌体 DNA 分子包装成为成熟的具有感染能力的 λ 噬菌体颗粒的技术。

10. 报告基因（reporter gene）：是载体携带的一种编码可被检测的蛋白质或酶的基因，是载体携带的一个其表达产物非常容易被鉴定的基因。

11. 核酸分子杂交（molecular hybridization of nucleic acid）：具有一定同源性的两条核酸（DNA 或 RNA）单链在适宜的温度及离子强度等条件下，可按碱基互补配对原则高度特异地复性形成双链，该过程称为核酸分子杂交。

12. Northern 印迹杂交（Northern blot）：是针对 RNA 分子进行的核酸杂交技术，是指将 RNA 分子变性及电泳分离后，从电泳凝胶转移到固相支持物上的核酸杂交方法。

13. Southern 印迹杂交（Southern blot）：是针对 DNA 分子进行的核酸杂交技术，是将电泳凝胶中分离的 DNA 片段转移并结合在适当的滤膜上，然后通过与已标记的单链 DNA 或 RNA 探针的杂交作用以检测这些被转移的 DNA 片段的一种方法。

14. 斑点印迹杂交（dot blot）：是一种快速检测特异核酸（DNA 或 RNA）分子的核酸杂交技术，即通过特殊的加样装置将变性的 DNA 或 RNA 样品直接转移到适当的杂交滤膜上，然后与核酸探针分子进行杂交以检测核酸样品中是否存在特异性 DNA 或 RNA。

15. 菌落（或噬菌斑）原位杂交［colony（or plaque）*in situ* hybridization］：直接把菌落或噬菌斑印迹转移到硝酸纤维素滤膜上，不必进行核酸分离纯化、限制性内切核酸酶酶解及凝胶电泳分离等操作，而是经溶菌及变性处理后使 DNA 暴露出来并与滤膜原位结合，再与特异性 DNA 或 RNA 探针杂交，筛选出含有插入序列的菌落或噬菌斑。

16. 探针（probe）：是指具有一定序列的核苷酸片段，它能与互补的核酸序列复性杂交，并且通过适当标记进行检测。

17. 亚克隆（subcloning）：又称为次级克隆，是将克隆片段进一步片段化后再次进行的克隆。

【知识要点】

一、受体细胞

外源目的基因与载体在体外连接重组后形成的重组 DNA 分子必须导入适宜的细胞，即基因工程的受体细胞，方能使外源目的基因得以大量扩增或表达。选择适宜的受体细胞是目的基因高效克隆或表达的重要前提之一。目前基因工程的受体细胞包括原核生物细胞、真菌细胞、植物细胞及动物细胞。

在选择基因工程的受体细胞时，通常应从以下几个方面加以考虑。

①安全性高，无致病性：不会对外界环境造成生物污染。一般选择致病缺陷型细胞或营养缺陷型细胞作为受体细胞。②应便于外源DNA分子的导入：通常易被诱导形成感受态的细胞，如大肠杆菌细胞，更容易导入外源DNA分子，因此更适宜作为受体细胞。③应能使外源DNA分子稳定存在于细胞中：为达此目的，通常要对受体细胞进行适当的改造，如使受体细胞中某种限制性内切核酸酶缺陷，从而避免其对导入受体细胞的外源DNA分子的降解破坏作用。④应有明显的选择差异性，便于重组体的筛选。⑤应具有较好的遗传稳定性：这样的细胞才易于扩大培养或发酵生长。⑥应选用内源蛋白水解酶基因缺失或内源蛋白水解酶含量低的细胞：这样细胞才可能确保外源基因表达蛋白在受体细胞内的积累，或促进外源基因表达蛋白的高效分泌，保障外源基因表达蛋白的收获。⑦受体细胞在遗传密码的应用上无明显偏爱性，利于实现外源基因的高效表达。⑧作为真核基因的受体细胞，应具有较好的转译后加工机制，便于真核目的基因的高效表达与表达产物的必要修饰。⑨应具有理论研究和实际应用价值。

二、重组DNA分子导入原核生物细胞

原核生物受体细胞通常选用的是大肠杆菌，还可以选用枯草杆菌或蓝细菌等。外源质粒DNA分子的导入方式通常是转化。转化时通常采用人工的方法先制备感受态细胞，目的是增加受体菌细胞膜的通透性，然后再进行转化处理，其中代表性的方法有：①Ca^{2+}诱导大肠杆菌转化法；②电穿孔转化法；③三亲本杂交结合转化大肠杆菌法。通过转化率计算可知转化的效率。通常最佳转化率以电穿孔最高，诱导转化法居中，而三亲本杂交转化法最低，但它适用于前两种方法难以转化的受体菌。

重组λ噬菌体DNA分子导入大肠杆菌受体细胞时的方式通常是转导或转染。λ噬菌体载体本身的分子质量较大，再加上重组的外源DNA分子，使得重组λ噬菌体DNA长度可达48～51kb，这样大的DNA分子直接用于转染时，效率较低，所以通常要以转导的方式将重组λ噬菌体DNA分子导入大肠杆菌等受体细胞，这就要求重组λ噬菌体DNA分子首先要进行体外包装。

三、重组DNA分子转入真核生物细胞

由于真核生物的细胞结构、基因组成和基因表达较为复杂，适用于原核生物的转基因方法大多难以有效地用于真核生物，重组DNA分子转入真核细胞时要选用适合于真核生物的转基因方法，同样也能有效获得转基因真核生物。

1. 导入酵母细胞

通常选择转化率高的菌株或有突变的菌株或不育的菌株。转化可采用原生质体转化、Li^{+}盐转化或电转化方法。

2. 重组 DNA 分子转入植物细胞

重组 DNA 分子导入植物细胞有农杆菌介导的 Ti 质粒载体转化法和 DNA 直接转移法。农杆菌介导的 Ti 质粒载体转化法是目前研究最多、机制最清楚、技术方法最成熟的基因转化方法。转化时要选择合适的转化外植体，确定并制备合适的外植体后，下一步就是农杆菌接种操作，将接种农杆菌后的外植体培养在诱导愈伤组织或不定芽固体分化培养基上，培养结束后对其再进行脱菌培养。上述操作结束后，将外植体转移至筛选培养基上继续培养，筛选出被转化的细胞，经再分化培养成再生植株。针对不同的外植体以及不同的转化目的，现已有多种转化方法，主要包括叶盘转化法、植株接种共转化法、植物愈伤组织共培养转化法、植物悬浮细胞共培养转化法和原生质体共培养转化法等。

DNA 直接转移法是指利用植物细胞的生物学特性，通过物理化学的方法将外源基因转入受体植物细胞的技术。为了克服农杆菌转导法的宿主局限性，至今发展了电击法（电穿孔法）、基因枪法（微弹轰击法）、激光微束穿孔法、显微注射法、脂质体介导法、多聚物介导法、花粉管通道法等 DNA 直接转移技术。

3. 重组 DNA 分子转入动物细胞

重组 DNA 分子导入哺乳动物细胞主要有以下几种方法：①病毒颗粒转导法；②磷酸钙沉淀法；③DEAE-葡聚糖转染法；④聚阳离子-DMSO 转染法；⑤显微注射法；⑥电穿孔 DNA 转移技术；⑦脂质体介导法。

四、重组子的筛选

在重组 DNA 分子的转化、转染或转导过程中，并非所有的重组 DNA 分子都能被导入受体细胞，这就要求对含有期待重组 DNA 的克隆子进行筛选，这一步骤也是基因工程操作中极为重要的环节。

重组子的筛选包括遗传表型直接筛选法、依赖于重组子结构特征分析的筛选法、核酸分子杂交检测法、免疫化学检测法、转译筛选法、亚克隆法、插入失活法、电子显微镜作图检测法、转录产物作图法、基因表达产物分析法、DNA 序列测定法。上述每一类方法中又包括了若干种不同的具体方法。

1. 遗传表型或插入基因表型直接筛选法

遗传表型直接筛选法可根据载体选择标记初步筛选转化子，包括抗药性标记及插入失活选择法，β-半乳糖苷酶显色反应选择法。还可以利用插入的外源基因的表达产物特性进行直接选择，如营养缺陷型检测法及形成噬菌斑筛选法。

2. 依赖于重组子结构特征分析的筛选法

依赖于重组子结构特征分析的筛选法有快速裂解菌落鉴定分子大小法、限制性内切核酸酶酶解分析法和利用 PCR 方法筛选确定重组子法等。

3. 核酸分子杂交检测法

核酸分子杂交，即 DNA-DNA 或 DNA-RNA 杂交。该检测法通常是利用放射性同位素（^{32}P）标记的 DNA 或 RNA（探针），依据核酸中碱基互补性而结合，通过放射性检测或定位 DNA 或 RNA，从而筛选出重组子。该方法实际上是一种依赖于重组子结构特征进行的重组子筛选方法，是目前应用最为广泛的一种重组子的筛选方法，只要有 DNA 探针或 RNA 探针，通过核酸印迹，再经探针杂交，就可以检测克隆子中是否有目的基因。该技术也可应用于重组子的筛选鉴定。

根据待测核酸的来源以及核酸印迹的方法不同，核酸分子杂交检测法可分为 Southern 印迹杂交和 Northern 印迹杂交、菌落（或噬菌斑）原位杂交、斑点印迹杂交 4 类。

Southern 印迹杂交是用 DNA（或 RNA）探针检测或筛选 DNA 样品。电泳凝胶中分离的 DNA 片段转移并结合在适当的滤膜上，然后通过与已标记的单链 DNA 或 RNA 探针的杂交作用以检测这些被转移的 DNA 片段中能与探针互补的特异 DNA 片段所在的位置和种类。Southern 印迹杂交是针对 DNA 分子进行的印迹杂交技术，也称为 DNA 印迹杂交。

Northern 印迹杂交的基本步骤与 Southern 印迹杂交相似，是用 DNA（或 RNA）探针检测或筛选 RNA 样品。另外一个不同的是一般不能采用碱变性处理，同时在 RNA 电泳时必须解决两个问题：一是防止单链 RNA 形成高级结构，故必须采用甲醛变性凝胶电泳；二是电泳过程中始终要抑制 RNase 的作用，防止 RNA 分子的降解。Northern 印迹杂交是针对 RNA 分子进行的印迹杂交技术，也称为 RNA 印迹杂交。

斑点印迹杂交用于检测克隆菌株，动植物细胞株或转基因个体、器官、组织提取的总 DNA 或 RNA 样品中是否含有目的基因。斑点印迹杂交是在 Southern 印迹杂交基础上发展的快速检测特异核酸（DNA 或 RNA）分子的核酸杂交技术，即通过特殊的加样装置将变性的 DNA 或 RNA 核酸样品直接转移到适当的杂交滤膜上，然后与核酸探针分子进行杂交以检测核酸样品中是否存在特异性 DNA 或 RNA。与其他核酸分子杂交技术相比，斑点印迹杂交法不需进行核酸的酶解和电泳分离，具有简单、快速、经济等特点。

菌落（或噬菌斑）原位杂交是将菌落或噬菌斑经溶菌和变性处理后使 DNA 暴露出来并与滤膜原位结合，再与特异性 DNA 或 RNA 探针杂交，筛选出含有插入序列的菌落或噬菌斑的技术。菌落（或噬菌斑）原位杂交有两个突出的特点：一是将生长在培养平板上的菌落或噬菌斑按照其原来的位置不变地转移到硝酸纤维素滤膜上，然后在原位发生溶菌、DNA 变性和杂交作用，所以该技术属于原位杂交技术；二是不必进行核酸分离纯化、限制性内切核酸酶酶解及凝胶电泳分离等操作，而是经溶菌及变性处理后使 DNA 暴露出来再与特异性 DNA 或

RNA 探针杂交，结果直接找出相应的阳性重组子菌落。因此具有对应的菌斑或噬菌斑位置不变，可以直接鉴定出阳性菌落（阳性重组子）的特点。

核酸杂交方法应用的前提是要有合适的杂交探针。探针是指具有一定序列的核苷酸片段，它能与互补的核酸序列复性杂交，并且通过适当标记进行检测。常用的核酸探针有同源或部分同源探针、总 cDNA 探针、特异性 cDNA 探针、人工合成的寡核苷酸探针。探针的标记物有放射性标记物和非放射性标记物。探针的标记方法有体内标记及体外标记两种，常用的是体外标记法，包括化学法和酶法。

化学标记法是利用标记物的活性基团与核酸分子中的某种基团（如磷酸基团）发生化学反应而直接将标记物连接到探针分子上。该标记方法具有简单、快速、标记均匀的特点，尤其适于制备非放射性标记物的探针。酶法标记是先将标记物标记在核苷酸上，然后通过酶促聚合反应使带标记的核苷酸掺入到核酸序列中，获得核酸探针。酶法制备的核酸探针应用广泛，适于制备所有放射性标记探针及部分非放射性标记探针。常用的酶法分为 DNA 切口平移标记法、DNA 随机引物标记法、DNA 末端标记法及 PCR 标记法。

4. 免疫化学检测法

以抗体作为探针，利用抗原-抗体的特异性来检测外源基因转入受体菌并且表达出的相应的蛋白质。

免疫化学检测法的基本过程与前述的菌落（或噬菌斑）原位杂交法相似，不同的是该法使用抗体探针而非 DNA 探针来鉴定目的基因表达产物。免疫化学检测法具有专一性强、灵敏度高的特点，只要有一个拷贝的目的基因在克隆子细胞内表达出产物蛋白，就可以被检测出来。使用这种方法的前提是克隆基因可在宿主细胞内表达，并且有目的蛋白的抗体。

根据实验手段的不同，免疫化学检测法分为抗体测定法和免疫沉淀测定法等。常用的抗体测定法包括放射性抗体检测法和非放射性抗体检测法。

5. 转译筛选法

借助无细胞翻译系统，通过表达或抑制所选择的克隆载体上的外源基因的转录，来筛选其产物是否与预期结果符合。该方法适用于 mRNA 转录丰度高的外源基因。

转译筛选法可分为杂交选择转译和杂交抑制转译两种不同的筛选策略，其突出的优点在于将克隆的 DNA 与所编码的蛋白质产物之间的关系对应起来。

6. 亚克隆法

亚克隆法可应用于基因定位研究。亚克隆是将克隆片段进一步片段化后再次进行的克隆。一般是将重组 DNA 分别用几种限制性内切核酸酶切割后将所得各片段分别重组到载体上，再转化宿主细胞，通过对转化细胞的表型鉴定或其他方法来确定基因所在的位置。

7. 插入失活法

插入失活法是另一种重组子筛选方法，其基本原理是将特定的 DNA 随机插入到重组 DNA 分子中，获得一系列插入重组子，根据其突变的类型鉴定失活的基因，进一步利用此插入 DNA 作为标记物，对失活基因进行定位。插入失活法主要有接头插入突变和转座子诱变两种方式。

8. 电子显微镜作图检测法

电子显微镜作图检测法筛选重组子的原理是，在一定条件下，DNA 分子中的某些特殊的区段，如 AT 丰富区段、不同 DNA 分子的同源区段及与 RNA 分子同源的 DNA 区段等，能呈现出特殊的结构，利用电子显微镜进行观察作图，可以鉴定这些结构，并用于克隆基因的定位研究等。主要方法有变性作图、异源双链定位法和 R 环检测法。

9. 转录产物作图法

转录产物作图前提是克隆 DNA 片段中的目的基因能够转录生成 mRNA 产物。该方法就是通过对转录生成的 mRNA 进行分析，间接鉴定重组 DNA 分子，并对目的基因定位研究的方法。转录产物作图法包括 S1 酶作图法和引物延伸作图法。

10. 基因表达产物分析法

基因表达产物分析法是通过对目的基因表达的蛋白产物进行检测，如果能检测到，说明该重组质粒含有目的基因。转译筛选法和免疫学检测法等同属本类方法。

11. DNA 序列测定法

DNA 序列测定法即核酸一级结构的测定，不仅可以直观地鉴定出重组 DNA 分子中是否含有目的基因，也可以获得目的基因的编码序列和基因调控序列，这对目的基因的表达及其功能研究具有重要的意义。常用的 DNA 序列测定法有：①DNA 杂交测序法，其原理是利用未知序列与 DNA 探针互补杂交形成双链结构，杂交效率越高，探针信号越强，选择杂交信号最强的，根据 DNA 探针序列便可获得未知序列。②DNA 的化学降解测序法，其原理是 4 种碱基经特异的化学修饰后易发生化学断裂，如果将待测 DNA 分子进行末端放射性标记，然后置于 4 组不同的反应体系中，反应结束后将长度不同的 DNA 进行凝胶电泳，通过放射性自显影检测便可读出待测 DNA 的序列。③DNA 的双脱氧链终止法，其原理是体外合成 DNA 互补链时，分别在 4 个反应体系中加入一种放射性标记的 $2',3'$-双脱氧核苷酸，使 DNA 链延长至相应的碱基处终止。反应结束后将长度不同的 DNA 进行凝胶电泳，通过放射性自显影检测便可读出待测 DNA 的序列。

【试题精选】

一、名词解释

1. 溶菌周期（lytic cycle）
2. 溶原周期及溶原菌（lysogenic cycle and lysogen）
3. 受体细胞（receptor cell）
4. 转化（transformation）
5. 转化子（transformant）
6. 重组子（recombinant）
7. 阳性克隆子（positive clone）
8. 转化率（transformation rate）
9. 转染（transfection）
10. 转导（transduction）
11. 体外包装（packaging *in vitro*）
12. 报告基因（reporter gene）
13. 核酸分子杂交（molecular hybridization of nucleic acid）
14. Northern 印迹杂交（Northern blot）
15. Southern 印迹杂交（Southern blot）
16. 斑点印迹杂交（dot blot）
17. 菌落（或噬菌斑）原位杂交［colony (or plaque) in situ hybridization］
18. 探针（probe）
19. 亚克隆（subcloning）

二、填空题

1. 与其他核酸分子杂交技术相比，斑点印迹杂交法具有________、________、________等特点。

2. 天然 DNA 的提取过程包括：________；________；________。

3. 提取大肠杆菌质粒 DNA，应把菌液培养至________后期。

4. 培养大肠杆菌一般采用________培养基，为了防止杂菌污染，常常根据________，在培养基中添加适量的________。

5. 常用的 DNA 纯化方法主要有：________，________，________。

6. DNA 的浓缩方法有：________，________，________。

7. 限制性内切核酸酶的催化效率与________、________、________、________等密切相关。

8. 个体之间 DNA 限制性片段长度的差异称为________。

9. 在酶切反应管加完各种反应物后，需要离心 2s，其目的是________

和__________。

10. DNA 的部分酶切可采取的措施有：________；________；________。

11. 限制性内切核酸酶通常保存在________浓度的甘油溶液中。

12. PCR 经过 n 次循环后，待扩增的特异性 DNA 片段基本上达到________个拷贝数。

13. ________DNA 聚合酶的发现，使 PCR 扩增特异性 DNA 片段成为可能。

14. 为了降低在 PCR 过程中形成________，设计引物时必须避免用于同一 PCR 过程的一对引物之间存在互补序列。

15. 若靶 DNA 一端或两端不含限制性内切核酸酶识别序列，可设计在引物________添加一些与模板 DNA 链核苷酸序列非互补的序列。

16. 复性温度取决于________和________。

17. 化学法合成 DNA 片段，利用 DNA 合成仪，自动将 4 种核苷酸单体按________磷酸酯键连接成________片段。

18. 固相亚磷酸三酯法合成的第一个核苷酸的________端通过其________与固相载体上的间隔臂形成酯键。

19. DNA 在电泳过程中的迁移率与 DNA 分子的________和________相关，与 DNA 分子中的________和________无关。

20. 用琼脂糖凝胶可检测________bp～________kb 长度的双链 DNA 片段，用聚丙烯酰胺凝胶可检测________bp～________kb 长度的双链 DNA 片段。

21. 对任何一种无标记的 DNA 片段而言，凝胶电泳法最少能检测________的 DNA。

22. 为检测上百万碱基的 DNA 分子，可采用________凝胶电泳。

23. 琼脂糖电泳每个样品孔加入的 DNA 量一般应控制在________以下。

24. 目前用于试管中连接 DNA 片段的 DNA 连接酶有________连接酶和________连接酶。

25. 为了避免待连接的两个 DNA 片段自行连接成环形 DNA，或自行连接成二聚体或多聚体，在连接之前先对其中一种 DNA 片段 5′端的—P 修饰成________。

26. 在重组子的筛选中有许多具有高准确性的筛选方法，大致可分为：________、________、________、________。

27. 根据待测核酸的来源以及将分子结合到固相支持物上的方法的不同，核酸分子杂交检测法可分为：________、________、________、________。

28. 在用抗药性筛选菌株时如果用的 Tc，Cm，Ap 等抗生素作为选择药物，观察和确定转化子菌落的培养时间不宜过长，以________～________为宜，否则会出现假转化子菌落。

29. 依赖重组子结构特征分析的筛选法有：________________、

________________、________________。

30. 在利用PCR方法筛选确定重组子时用__________为模板进行PCR。

31. 在印迹技术中，__________是目前应用最广的一种固相支持物。

32. 硝酸纤维素膜（NC）结合DNA的能力为________，尼龙膜（nylon）结合DNA的能力为________。

33. 用显色互补筛选法筛选时常用的显色剂是________。

34. 放射性标记物是指以________对核苷酸等进行标记后的产物，常见的________有________、________、________。

35. 切口平移标记法涉及________和________两种酶的作用。

36. 放射免疫筛选的原理基于以下3点：________；________；________。

37. 可用T4 DNA聚合酶进行平末端的DNA标记，因为这种酶具有________和________的活性。

38. DNA测序通常包括________、________和________3个步骤。

39. 探针的标记主要有________和体外标记法，其中体外标记法有________和________。

40. 酶法制备核酸探针应用广泛，适于制备所有放射性标记探针及部分非放射性标记探针，常用的酶法有：________、________、________及________。(答出3个即可)

41. 免疫学方法筛选重组子的前提条件是__________，并且有________。

42. 转译筛选法筛选重组子可以分为________和________两种不同的筛选策略，其突出的优点在于将________与________之间的关系对应起来。

43. 插入失活法是一种________，其基本原理是将________插入到重组DNA分子中，获得一系列________，根据其突变的类型鉴定________，进一步利用________作为标记物，对________进行定位。

44. DNA化学降解测序法测序时碱基切割反应体系是利用3种化学试剂切割核苷酸序列中的特定碱基，常见的特异反应为__________、__________、__________和__________。

45. 2′,3′-双脱氧核糖核苷三磷酸（ddNTP）之所以能够终止DNA链的延伸是因为ddNTP在脱氧核苷的________位置上缺少了一个羟基。

46. 大片段DNA的测序策略主要有______________、______________和______________。

47. 一段碱基序列有1336个碱基，测序使用的是DNA全自动序列分析系统，那么需要________反应可将此序列测完。

三、判断题

1. 提取质粒DNA时，为了使其与染色体DNA分开，首先调节细胞裂解液的 pH 达到 12.6，使所有 DNA 都变性沉淀，随后再调节 pH 至中性，使质粒 DNA 复性后从沉淀物中释放出来。(　)

2. 在提取各种生物材料 DNA 的过程中，为了去除 RNA，常采用 DNase 水解 RNA。(　)

3. 离子交换层析法根据 DNA 磷酸基团与固相阳性交换离子相互作用来达到纯化 DNA 的目的。(　)

4. 如果没有专门说明，通常所说的限制性内切核酸酶是指Ⅰ型酶。(　)

5. 已知某一内切核酸酶在一环状 DNA 上有 4 个酶切位点，因此，用此酶切割该环状 DNA，可得到 4 个片段。(　)

6. 根据 DNA 互补链聚合反应的原理，设计的引物的核苷酸序列必须与模板链 3′端的一段核苷酸序列互补，并且 3′端必须具有有利的—OH 基团。(　)

7. 设计的引物中，应尽量避免选择有明显回文序列的结构，尤其是在引物的 5′端。(　)

8. 引物的长短与 PCR 过程的特异性高低密切相关，引物短的，特异性高。(　)

9. RT-PCR 受多个因素影响，如硫酸镁的浓度，引物退火温度，扩增的循环数等。(　)

10. 目前常用的寡核苷酸片段的化学合成法是磷酸三酯和亚磷酸三酯的液态合成法以及在此基础上发展起来的自动合成法。(　)

11. 琼脂糖凝胶电泳加样时为了防止溢出加样孔，一般只加至加样孔的 1/2～2/3。(　)

12. 溴化乙锭与 DNA 形成的络合物，在 502nm 波长的紫外光下有最大的荧光发射光谱。(　)

13. *E. coli* DNA 连接酶可以催化 DNA 片段平末端之间的连接的酶。(　)

14. T4 DNA 连接酶可用于双链 DNA 片段互补黏性末端之间和平末端之间的连接。(　)

15. 生物素是一种水溶性维生素，可作为放射性标记物。(　)

16. 用显色互补筛选法筛选菌株时，在含有 X-gal 和 IPTG 的培养基中得到的转化子是白色菌落。(　)

17. 硝酸纤维素滤膜对小分子质量的 DNA（小于 200bp）结合能力比对大分子质量的 DNA 结合能力强。(　)

18. 荧光素是一类能在激光作用下发射荧光的物质，它是一种放射性标记物。(　)

19. 用菌落原位杂交时可以不必进行核酸分离纯化、限制性内切核酸酶酶解及凝胶电泳分析。(　)

20. 噬菌斑原位杂交比菌落原位杂交更简单而且灵敏度也高。(　)

21. Southern 印迹的原理是分子间互补。(　　)

22. 在 Northern 杂交中为了防止 DNA 结构对迁移率的影响，所以要用变性缓冲液进行电泳。(　　)

23. 亚克隆又称为次级克隆，是将克隆片段进一步片段化后再次进行的克隆。(　　)

24. 用 DNA 探针与 RNA 杂交可以测定一已知基因在某一细胞中是否表达，但不能检测转录起始位点、终止位点和内含子的位置。(　　)

25. 免疫组织化学技术 (immunohistochemistry) 具有特异性强、灵敏度高、适用于从大量转化细胞集合体中筛选很少几个含目的基因的细胞克隆。(　　)

26. 不匹配的黏性末端填平后也不能进行连接。(　　)

27. 核酸分子杂交的探针只能是标记的小片段 DNA 分子。(　　)

28. 切口位移法 (nick translation) 只能标记线形双链 DNA，不能标记环状双链 DNA。(　　)

29. 尼龙膜 (nylon membrane) 是核酸杂交的一种固体支持物，具有与 DNA 结合能力强、韧性强、可反复洗脱使用，并且杂交信号本底低等优点，缺点是成本高。(　　)

30. 切口平移标记法是探针标记法的一种，它是一种快速、简便、低成本、高效率的 DNA 标记法。(　　)

31. 免疫学方法筛选重组子具有专一性强、灵敏度高的特点，只要有一个拷贝的目的基因在克隆子细胞内表达就可以被检测出来。(　　)

32. 杂交抑制转译法筛选重组子适用于低丰度的 mRNA 产物的 cDNA 重组分子的检测。(　　)

33. R 环检测法是一种用于鉴定单链 DAN 分子中含有与特定 RNA 分子同源区段的方法。(　　)

34. 如果克隆 DNA 片段中的目的基因能够转录生成 mRNA 产物，通过对 mRNA 的分析也可以间接鉴定重组 DNA 分子，并对目的基因进行定位研究。(　　)

35. 化学降解测序法测定 DNA 序列时仅适用于单链 DNA，主要用于研究 DNA 的一级和二级结构以及 DNA 甲基化位点测定。(　　)

36. DNA 的双脱氧链终止测序法是一种简单快速的 DNA 序列分析法，读取的是待测 DNA 的碱基序列。(　　)

四、选择题

1. 限制性内切核酸酶是由细菌产生的，其生理意义是(　　)。

A. 修复自身的遗传缺陷　　B. 促进自身的基因重组

C. 强化自身的核酸代谢　　D. 提高自身的防御能力

2. RFLP 限制性片段长度多态性产生自(　　)。

A. 使用不同的限制性内切核酸酶　　B. 每种类型的染色体有两条

C. 染色体中碱基的随机变化　　D. Southern 印迹

E. 不同探针的使用

3. 下面哪一种不是产生星活性的主要原因?(　　)

A. 甘油含量过高　　B. 反应体系中含有有机溶剂

C. 含有非 Mg^{2+} 的二价阳离子　　D. 酶切反应时酶浓度过低

4. 下列琼脂糖凝胶电泳缓冲液，使用哪种会引起高电渗现象?(　　)

A. Tris-硼酸液　　B. Tris-磷酸缓冲液

C. Tris-乙酸盐缓冲液　　D. 乙酸-乙酸钠缓冲液

5. 不管使用哪种缓冲液，都应加入(　　)mmol/L EDTA 来螯合二价阳离子。

A. 100～200　　B. 10～20

C. 1～5　　D. 0.1～0.5

6. 分离 0.2～3kb DNA 片段所用琼脂糖含量为(　　)。

A. 3.0%　　B. 1.5%　　C. 1.0%　　D. 0.5%

7. DNA 最普遍的修饰是甲基化，在原核生物中这种修饰的作用是(　　)。(多项)

A. 识别受损的 DNA 以便于修复

B. 复制之后区分母链和子链，以确定哪条链可被继续复制

C. 识别甲基化的外来 DNA 并重组到基因组中

D. 保护它自身的 DNA 免受内切核酸酶限制

E. 识别转录起始位点以便 RNA 聚合酶能够正确结合

8. 在亚磷酰胺化学法合成 DNA 中，影响产量的最关键步骤是(　　)。

A. 脱三苯甲基反应　　B. 偶联反应

C. 氧化反应　　D. 封端反应

9. 酶切法鉴定重组体时，最常用的方法是(　　)。

A. 用多种限制酶将其切出

B. 用 S1 核酸酶将其切出

C. 用 DNA 酶将其切出

D. 用重组时的限制性内切核酸酶将其切出

E. 用其他限制酶将其切出

10. Southern 印记的 DNA 探针(　　)杂交。

A. 只与完全相同的片段

B. 可与任何含有相同序列的 DNA 片段

C. 可与任何含有互补序列的 DNA 片段

D. 可与某些限制性内切核酸酶酶切的 DNA 片段

E. 以上都是

11. 免疫印迹法筛选重组体的原理是(　　)。

A. 根据载体抗性基因的表达　　B. 根据载体报告基因的表达

C. 根据 DNA 与 DNA 的杂交　　D. 根据 DNA 与 mRNA 的杂交

E. 根据外源基因的表达

12. 关于菌落杂交法筛选重组体，下列叙述正确的是(　　)。(多项)

A. 需要外源基因的表达　　B. 需要探针与外源基因有同源性

C. 需要 IPTG 诱导　　D. 不需要外源基因的表达

E. 不需要探针与外源基因有同源性

13. 用菌落杂交法筛选重组体时，(　　)。(多项)

A. 需要外源基因的表达

B. 不需要外源基因的表达

C. 要根据克隆基因与探针的同源性

D. 以上说法都正确

14. 关于转化的叙述中，下列哪项是不正确的?(　　)

A. 处于感受态的细菌易于吸收外源性 DNA

B. 常用的制备感受态的方法是用冰冷的 $CaCl_2$ 溶液处理

C. 细菌吸收外源性 DNA，遗传性状可发生改变

D. 感受态在细菌生长的任何时期都可出现

E. 不同细菌出现感受态的状况是不同的

15. Southern 印迹是用 DNA 探针检测 DNA 片段，而 Northern 印迹则是(　　)。(多项)

A. 用 RNA 探针检测 DNA 片段　　B. 用 RNA 探针检测 RNA 片段

C. 用 DNA 探针检测 RNA 片段　　D. 用 DNA 探针检测蛋白质片段

16. 直接针对目的 DNA 分子进行筛选的方法是(　　)。

A. 抗性筛选　　B. 分子杂交

C. 琼脂糖电泳　　D. 测 260nm 吸光度

E. 亲和层析

17. 原位杂交是指(　　)。(多项)

A. 转膜杂交　　B. 菌落杂交

C. 噬菌斑杂交　　D. 液相杂交

E. 直接对染色体或组织杂交

18. PUC 系列载体的抗性筛选标记为(　　)。

A. 卡那霉素　　B. 四环素

C. 氨苄青霉素　　D. G418

E. 氯霉素

19. 下列哪一个放射性同位素通常用于制备高分辨率的原位杂交探针？(　　)

A. ^{32}P　　B. ^{35}S　　C. ^{3}H　　D. ^{14}C

20. 双脱氧链终止测序法测定DNA顺序的操作关键是ddNTP与dNTP的用量比例，下列哪个比例较为理想？(　　)

A. 2/3　　B. 1/2　　C. 7/24　　D. 1/6

21. 在利用*LacZ*失活的显色反应筛选中，IPTG的作用是(　　)。

A. 诱导LacZ′（α肽）的合成　　B. 诱导LacZ△（C肽）的合成

C. 作为酶的作用底物　　D. 作为显色反应的指示剂

22. 下列技术依据DNA分子杂交原理的是：(　　)。

①用DNA分子探针诊断疾病　②B淋巴细胞与骨髓瘤细胞的杂交　③快速、灵敏地检测饮用水中病毒的含量　④目的基因与载体结合形成重组DNA分子

A. ②③　　B. ①③　　C. ③④　　D. ①④

23. 用免疫化学法筛选重组体的原理是(　　)。

A. 根据外源基因的表达　　B. 根据载体基因的表达

C. 根据mRNA与DNA的杂交　　D. 根据DNA与DNA的杂交

24. 随机引物标记探针，下列各项中哪一项是不正确的？(　　)

A. 双链DNA、单链DNA、RNA都是可以标记的

B. 不需要用DNase Ⅰ预处理

C. 反应时可用Klenow酶

D. 反应时可用DNA聚合酶Ⅰ

25. 用于核酸分子杂交的探针可以是放射性标记的(　　)。

A. DNA　　B. 多糖　　C. 抗体　　D. 抗原

五、简答题

1. 简述报告基因的作用。
2. 简述菌落（或噬菌斑）原位杂交的特点。
3. 简述化学标记法制备探针的原理和特点。
4. 简述酶法标记法制备探针的原理和特点。
5. 简述重组子的免疫化学检测法。
6. 简述亚克隆方法的应用。
7. 用双脱氧终止测序法测DNA序列时操作的关键是ddNTP和dNTP的比例，较为合理的比例应该是多少？为什么？
8. 简述快速裂解菌落鉴定分子大小的原理。
9. 裂解细胞时不正确的做法有哪些？后果如何？
10. 一般对细胞结构简单的原核生物，采用那些方法对其进行细胞裂解？

11. 琼脂糖凝胶电泳中琼脂糖的含量与什么相关？

12. 琼脂糖凝胶电泳中，跑大片段和小片段的电压一样吗？为什么？

13. 怎样调节错配修复的方向？

14. Southern 印迹和 Northern 印迹有什么不同？

15. 作为一种理想的探针标记物应具有什么条件？

16. 简述基因定位研究中的插入失活法。

17. DNA 化学降解测序法也称为 Maxam-Gilbert 测序法，简述其基本原理。

18. 简述什么是亚克隆？

19. 一个克隆和一个探针有什么不同？

20. Broome 和 Gilbert 设计了一种免疫学筛选重组子的方法，现在已发展成为常规的放射性抗体测定法之一，其基本依据有 3 条，分别为哪 3 条？

21. 简述一下免疫沉淀测序法的原理。

22. 杂交抑制转译筛选法和杂交选择转译检测法筛选重组子的区别是什么？

23. 电子显微镜作图检测法筛选重组子的原理是什么？主要有几种方法？

24. 通过 DNA 化学降解测序法对一段核苷酸进行测序，跑凝胶电泳后得到下图，根据此图说出核酸的顺序。

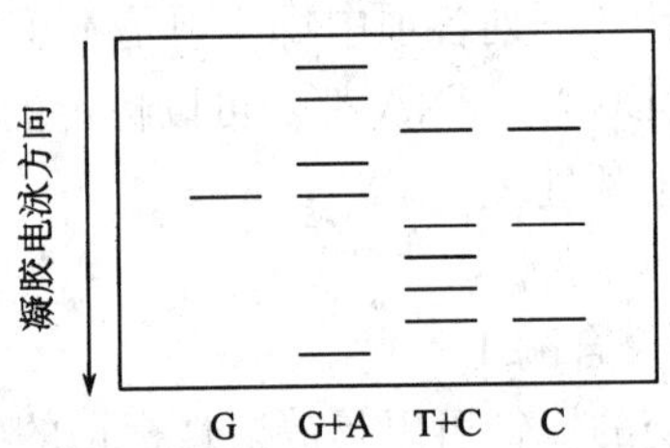

25. DNA 杂交测序的原理是什么？

六、回答题

1. 在选择基因工程的受体细胞时，通常应考虑哪些基本原则？

2. PCR 技术不仅可以用于基因扩增，而且在 DNA 测序中起着越来越重要的作用，体现在什么方面？

3. 天然 DNA 的来源主要有哪些？它们各有什么用途？

4. DNA-蛋白质筛选法是基于什么原理，具体的操作步骤有哪些？

5. 大肠杆菌感受态制备的原理是什么？转化过程中的影响因素有哪些？

6. 什么是蓝白斑筛选法？请阐述其原理和过程。

7. 说明下列各种载体（带有抗性基因）与外源 DNA 片段的连接结果？各转化因子在相应抗性培养板上的存活结果？为什么？

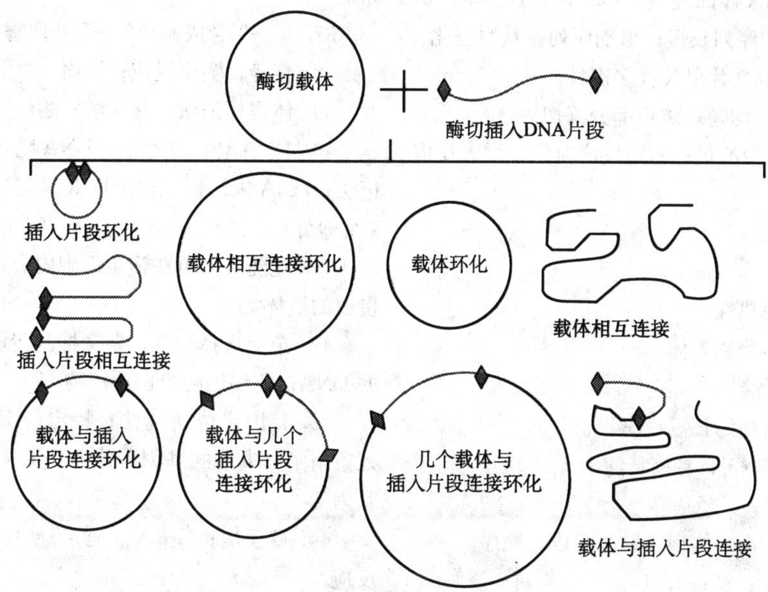

8. 蓝白斑筛选法为什么也会有假阳性？

【参考答案】

一、名词解释

1. 溶菌周期：在噬菌体颗粒内，λDNA以线形双链形式存在，进入大肠杆菌细胞后，自行环化，进行滚环式复制，产生线形双链DNA分子，重新包装成噬菌体颗粒，称为溶菌周期。

2. 溶原周期及溶原菌：在噬菌体颗粒内，λDNA以线形双链形式存在，进入大肠杆菌细胞后，整合到染色体DNA上，随染色体DNA的复制而复制，称为溶原周期，此时的宿主细菌称为溶原菌。

3. 受体细胞：略。

4. 转化：略。

5. 转化子：略。

6. 重组子：略。

7. 阳性克隆子：略。

8. 转化率：略。

9. 转染：略。

10. 转导：略。

11. 体外包装：略。

12. 报告基因：略。

13. 核酸分子杂交：略。

14. Northern 印迹杂交：略。

15. Southern 印迹杂交：略。

16. 斑点印迹杂交：略。

17. 菌落（或噬菌斑）原位杂交：略。

18. 探针：略。

19. 亚克隆：略。

二、填空题

1. 简单；快速；经济

2. 准备生物材料；裂解细胞；分离和抽提DNA

3. 对数生长期

4. LB；培养菌种对某种抗生素的抗性；该种抗生素

5. 琼脂糖凝胶电泳洗脱法；氯化铯-溴化乙锭连续梯度离心法；离子交换层析法

6. 乙醇沉淀法；正丁醇抽提法；聚乙二醇浓缩法

7. DNA样品纯度；DNA分子构型；识别序列两侧序列长短；识别序列碱基甲基化

8. 限制性片段长度多态性

9. 混合均匀；防止部分酶切

10. 减少酶量；缩短反应时间；增大反应体积

11. 50%

12. 2^n

13. 耐热性

14. 引物二聚体

15. 5′端

16. 引物的长短；GC含量

17. 3′→5′；寡核苷酸

18. 3′；3′羟基

19. 大小；构型；碱基组成；顺序

20. 70；80；6；1

21. 0.1μg

22. 脉冲场

23. 1μg

24. *E. coli* DNA；T4 DNA

25. —OH

26. 遗传学方法；物理筛选法；核酸杂交法；表达产物分析法

27. 菌落印迹原位杂交；斑点印迹杂交；Southern印迹杂交；Northern印迹杂交

28. 12；16h

29. 快速裂解菌落鉴定分子大小；限制性内切核酸酶酶解分析法；利用PCR方法筛选确定重组子

30. 从初选出来的阳性克隆中提取的少量质粒DNA

31. 硝酸纤维素滤膜

32. 80～100μg/cm²；350～500μg/cm²

33. X-gal

34. 放射性同位素；放射性同位素；^{32}P；^{3}H；^{35}S

35. DNA酶Ⅰ；DNA聚合酶Ⅰ

36. 抗体能够被吸附到固体支持物上；同一个抗原可以与几种抗体结合；抗体能够被标记

37. 5′→3′合成酶；3′→5′外切酶

38. 克隆；测序反应；读序

39. 体内标记法；化学法；酶法

40. DNA切口平移法；DNA随机引物标记法；DNA末端标记法；PCR标记法（答出3个即可）

41. 克隆基因可在宿主细胞内表达；目的蛋白的抗体

42. 杂交选择转译；杂交抑制转译；克隆的DNA；所编码的蛋白质产物

43. 基因定位研究法；特定的DNA；插入重组子；失活的基因；此插入DNA；失活基因

44. G反应；G+A反应；T+C反应；C反应

45. 3′

46. 随机克隆策略；引物步移策略；定向缺失克隆策略

47. 3至4步

三、判断题

1. √	2. ×	3. ×	4. ×	5. √
6. √	7. ×	8. ×	9. √	10. ×
11. √	12. ×	13. ×	14. √	15. ×
16. √	17. ×	18. ×	19. √	20. √
21. ×	22. ×	23. √	24. ×	25. √
26. ×	27. ×	28. ×	29. ×	30. √
31. √	32. ×	33. ×	34. √	35. ×
36. ×				

四、选择题

1. D	2. C	3. D	4. A	5. D
6. B	7. ABD	8. B	9. D	10. C
11. E	12. BD	13. BC	14. D	15. BC
16. B	17. BCE	18. C	19. C	20. C
21. A	22. B	23. A	24. D	25. A

五、简答题

1. 答：报告基因是载体携带的一种编码可被检测的蛋白质或酶的基因，是载体携带的一个其表达产物非常容易被鉴定的基因。把它的编码序列和基因表达调节序列相融合形成嵌合基因，或与其他目的基因相融合，在调控序列控制下进行表达，从而利用它的表达产物来标定目的基因的表达调控，筛选得到转化子。

2. 答：略。

3. 答：略。

4. 答：略。

5. 答：略。

6. 答：略。

7. 答：ddNTP和dNTP的比例较为理想的分子比是（1∶3）～（1∶4）。降低ddNTP对dNTP的浓度比例，会产生出逐渐加长的片段产物，使新生DNA链在特定的核苷酸处不能终止；而增加ddNTP对dNTP的浓度比例，会使新生DNA链终止于距离引物很近的核苷酸处，产生较短的产物。

8. 答：这种方法是在转化子初步筛选的基础上进一步对重组子进行筛选或鉴定的方法，主要是根据有外源DNA片段插入的重组质粒与载体DNA之间大小的差异来区分重组子和非重组子。因为重组子中插入了外源DNA片段，分子质量较载体DNA分子大，琼脂糖凝胶电泳时迁移率慢，由此将重组子和非重组子区分开来，并最终筛选到重组子。该方法直观快捷，只需获得质粒DNA分子的粗制裂解液即可进行琼脂糖凝胶电泳，尤其是适用于插入片段较大的重组子的筛选。

9. 答：①没有裂解，则DNA不会释放出来，肯定提取不到DNA；②裂解不完全，则提取DNA的得率低；③细胞裂解过于激烈，则导致DNA链的断裂。

10. 答：溶菌酶处理；NaOH和SDS处理；煮沸处理；冰冻处理；超声波处理等。

11. 答：凝胶中琼脂糖含量取决于待检测的DNA片段（分子）的大小。一般而言，检测大片段DNA时琼脂糖的含量小，检测小片段DNA时琼脂糖的含量大。

12. 答：不一样。一般是，DNA片段大的应在低电压下电泳，用比较长的电泳时间，这样可获得比较好的分辨效果。比较小的DNA片段在凝胶中容易扩散，因此需在高电压下短时间电泳，可得到清晰度高的DNA带。

13. 答：DNA错配修复中的mut系统识别甲基化的DNA。另外，通过更为精细的酶系统将错配的碱基进行替换。例如，G-T替换成G-C或A-T。

14. 答：Southern印迹的原理和Northern印迹相比有3点不同。①针对的对象不同，Southern印迹杂交是针对DNA分子进行的杂交技术，Northern印迹杂交是针对RNA分子的检测；②Southern印迹在电泳前需要进行DNA酶切，Northern印迹需要变性不用酶切；③变性的方法不同，Northern印迹不能用碱变性，因为碱变性会导致RNA的降解。

15. 答：作为一种理想的探针标记物应具有以下几个条件：①标记物不会影响探针的主要理化性质，如杂交特异性、杂交稳定性及酶反应特征等；②检测灵敏度高、特异性强、本底低、重复性好；③操作简便、省时，经济实用；④化学稳定性高、易于长期保存；⑤安全、无环境污染。

16. 答：略。

17. 答：DNA化学降解测序法也称为Maxam-Gilbert测序法，基本原理是：将待测DNA分子进行末端放射性标记，然后置于4组独立的化学反应体系中分别进行降解，其中每一组反应特异性地针对某一碱基或某一类碱基。通过化学降解一段时间后，在每一组反应体系中，生成各种不同长度的、一端为放射性标记固定的寡聚核苷酸分子，经聚丙烯酰胺电泳和放射自显影后可以读出待测DNA分子的碱基序列。

18. 答：所谓亚克隆或次级克隆（subcloning）是将克隆片段进一步片段化后再次

进行的克隆。一般是将重组DNA分别用几种限制性内切核酸酶切割后，将所得各片段分别重组到载体上，再转化宿主细胞，通过对转化细胞的表型鉴定或其他方法来确定基因所在的位置。

19. 答：克隆就是任何插入载体中的DNA片段。它能够产生大量的DNA片段以供分析。标记了的DNA片段用于杂交实验，如Southern印迹的DNA片段。

20. 答：①一种免疫血清中含有多种类型的免疫球蛋白IgG分子，这些分子分别与同一抗原分子上不同的抗原决定基特异性结合。②抗体分子或其某部分可牢固地吸附在固体支持物（如聚乙烯塑料制品）的表面上，因此不会被洗脱掉。③通过体外碘化作用，IgG抗体会迅速地被放射性^{125}I标记。

21. 答：免疫沉淀测序法可用于筛选含目的基因的克隆子。在生长有转化子菌落的培养基中，加入与目的基因产物相对应的标记抗体。如果菌落会产生与抗体相对应的抗原蛋白（目的基因产物），其周围就会出现一种叫做沉淀素的抗体-抗原沉淀物形成的白色圆圈。该方法操作简便，但灵敏度不高，实用性较差。

22. 答：杂交抑制的转译筛选法的原理是，在体外无细胞的转译体系中，目的基因的转录产物mRNA一旦与DNA分子杂交之后，就不再能够指导蛋白质多肽的合成。杂交选择转译法是通过杂交手段选择目的mRNA进行体外转译而非抑制目的mRNA的体外转译。

23. 答：略。

24. 答：由图可知DNA的序列5′→3′顺序为ACTTCGACAA。

25. 答：短的DNA探针与靶DNA片段杂交，只有完全互补的DNA序列杂交效率最高，荧光信号最强。有个别不互补碱基时，杂交效率下降，非互补碱基越多，杂交效率越差，荧光信号越弱。根据杂交效率，挑出杂交效率最高的，便可推断出靶DNA的序列，则靶DNA序列便可知。

六、回答题

1. 答：略。

2. 答：第一，利用PCR技术直接从大的DNA片段或基因组DNA中扩增获得足够量的待测DNA模板，从而省去亚克隆等烦琐步骤。第二，通过PCR技术进行重叠群排序。将由重叠群末端序列确定的引物逐一配对，以待测大片段DNA为模板进行PCR，如果能扩增出阳性条带，便说明这两个重叠群相邻。重叠群顺序一经确定，便可利用PCR扩增重叠的DNA片段。第三，利用PCR技术进行DNA链终止测序反应，这一过程被称为循环测序。循环测序是在模板DNA分子过少时，用耐高温的*Taq*酶代替DNA聚合酶进行酶法测序。在测序反应中，一方面模板DNA分子得以扩增，另一方面ddNTP的插入造成待定ddNTP结尾的长短不同的DNA片段。通过电泳便可获得待测DNA分子的碱基序列。

3. 答：①染色体DNA，分离目的基因和基因表达调控因子的主要材料，也可提供构建染色体载体和染色体基因整合平台系统。②病毒和噬菌体DNA，主要用于构建基因克隆载体，承载较大片段的外源DNA，经体外包装，导入受体细胞。③质粒DNA，主要用于构建基因克隆载体。有的质粒含有结构基因，也被用于分离目的基因和基因表达调控因子。④线粒体和叶绿体DNA，用于分离目的基因和基因表达调控因子，也有可能用来构建基因克隆载体。

4. 答：DNA-蛋白质筛选法是专门设计用来检测与DNA特异性结合的蛋白质因子的一种方法，用于筛选并分离表达融合蛋白质的克隆。基本的操作步骤是，用硝酸纤维膜进行“噬菌斑转移”，使外源目的基因的表达蛋白吸附在滤膜上；再将此滤膜与放射性标记的含有DNA结合蛋白质编码序列的双链

DNA 寡核苷酸探针杂交；最后根据放射性自显影的结果筛选出阳性克隆子。由于此方法是利用一种放射性标记的 DNA 探针，检测转移到硝酸纤维素滤膜上的特异性蛋白质多肽分子，因此称为 DNA-蛋白质筛选法。

5. 答：所谓的感受态，即指大肠杆菌在某一生长阶段最易接受外源 DNA 片段并实现其转化的一种生理状态，它是由受体菌的遗传性状所决定的，同时也受菌龄、外界环境因子的影响。大肠杆菌受体细胞经过一些特殊方法（如电击法、$CaCl_2$ 等化学试剂法）处理后，细胞膜的通透性发生变化，成为能容许外源 DNA 分子通过的感受态细胞。进入细胞的 DNA 分子通过复制、表达实现遗传信息的转移，使受体细胞出现新的遗传性状。

目前对感受态细胞能接受外源 DNA 分子的原因有两种主要的假说：①局部原生质体化假说——细胞表面的细胞壁结构发生变化，即局部失去细胞壁或局部溶解细胞壁，使 DNA 分子能通过质膜进入细胞。②酶受体假说——感受态细胞的表面形成一种能接受 DNA 的酶位点，使 DNA 分子能进入细胞。

对于制备好的大肠杆菌感受态细胞，下面的实验就是要把外源 DNA 分子转化到大肠杆菌中，使菌具有新的遗传特性，并从中选出转化子。影响转化的因素有下面几点。①细胞的生长状态和密度。应用对数期或对数生长前期的细菌，并通过测定培养液的 OD_{600} 控制细胞的密度。理想的情况是，-80℃或-20℃甘油保存的菌种用于制备感受态细胞的菌液，细胞生长密度以每毫升培养液中的细胞数在 5×10^7 个左右为佳。②质粒 DNA 的质量和浓度。用于转化的质粒 DNA 主要是超螺旋状态，外源 DNA 的浓度在一定范围内与转化率成正比，但是浓度过高或体积过大时，则会使转化率下降。另外，分子质量大的质粒的转化效率往往较低。③整个操作均须在冰上进行，不能离开冰浴，否则细胞转化率将会降低。

6. 答：这种方法是根据组织化学的原理来筛选重组体。主要是在 λ 噬菌体的非必要区插入一个带有大肠杆菌 β-半乳糖苷酶的基因片段，携带有 *lac* 基因片段的 λ 噬菌体转入 *lac* 的宿主菌后，在含有 5-溴-4-氯-3-吲哚-β-D-半乳糖苷（X-gal）平板上形成浅蓝色的噬菌斑。外源基因插入 *lac*（或 *lac* 基因部分被取代）后，重组的噬菌体将丧失分解 X-gal 的能力，转入 lac^- 宿主菌后，在含有 5-溴-4-氯-3-吲哚-β-D-半乳糖苷（X-gal）平板上形成白色的噬菌斑，非重组的噬菌体则为蓝色噬菌斑。

7. 答：载体自身环化连接，能存活。

载体之间互相连接，不能存活。

载体之间互相连接环化，能存活。

插入片段互相连接，不能存活。

一个载体与几个插入片段重组环化，能存活。

几个载体与一个插入片段重组环化，能存活。

载体与插入片段连接，不能存活。

载体与插入片段连接环化，能存活。

8. 答：β-半乳糖苷酶的 N 端是非必需的，可以进行修饰，并不影响酶的活性或 α 肽的互补性。如果插入的外源 DNA 引起 α 肽的可读框的改变，或者插入片段在正确的可读框中含有终止密码的话，就会形成白色噬菌斑。如果插入 DNA 的碱基数正好是 3 的倍数，或者插入的 DNA 中不含有终止密码的话，仍然会形成蓝色噬菌斑。这种插入物的长度可达几百个碱基对。

第六章　外源基因的表达

重点提示：基因表达的机制（掌握），外源基因的起始转录（掌握），mRNA的延伸与稳定性（掌握），外源基因mRNA的有效翻译（掌握），表达蛋白在细胞中的稳定性（掌握），目的基因沉默（掌握），基因表达的调控元件（掌握），启动子（掌握），增强子（掌握），终止子（掌握），衰减子（熟悉），绝缘子（了解），反义子（掌握），外源基因表达系统（熟悉），大肠杆菌基因表达系统（熟悉），芽孢杆菌表达系统（熟悉），链霉菌表达系统（了解），蓝藻表达系统（了解），酵母表达系统（熟悉），哺乳动物细胞基因表达系统（熟悉），植物细胞基因表达系统（了解），基因表达产物的检测与分离纯化（掌握），基因表达产物的检测（掌握），基因表达产物的分离纯化（掌握）。

【核心概念】

1. 启动子（promoter）：DNA分子上能专一地与RNA聚合酶结合并能决定转录起始部位和转录效率的一段DNA序列，它位于基因的上游。一旦RNA聚合酶定位并结合到启动子序列上，即可启动转录。

2. 增强子（enhancer）：增强子是能够增强启动子转录效率的DNA顺式作用元件。增强子是通过启动子来增加转录的，其发挥作用的方式通常与方向、距离无关。

3. 终止子（terminator）：在基因编码区末端、具有终止转录功能的一段DNA序列。终止子可分为本征终止子和依赖终止信号的终止子两类。

4. 衰减子（attenuator）：衰减子是基因表达调控的精细调节装置，它利用原核生物转录与翻译相偶联的特性，依赖自身巧妙的特征序列和相应的RNA二级结构，对基因转录进行开关式的微调作用，从而保证原核生物在相关操纵子处于阻碍的状态下仍能以一个基底水平合成氨基酸、核苷酸、抗生素等。

5. 绝缘子（insulator）：绝缘子是通常位于启动子与正调控元件（如增强子）或负调控因子（异染色质）之间的一种调控序列。在真核生物基因组中，绝缘子既是基因表达的调控元件，又是一种边界元件。

6. 反义RNA（antisense RNA）：是指与mRNA互补的RNA分子，也包括与其他RNA互补的RNA分子。由于核糖体不能翻译双链的RNA，所以反义RNA与mRNA特异性地互补结合，即抑制了该mRNA的翻译。

7. 外源基因表达系统（foreign gene expression system）：外源基因表达系统泛指目的基因与表达载体重组后，导入合适的受体细胞，并能在其中有效表达，产生目的基因产物（目的蛋白）。

8. 包含体（inclusion body）：在一定的条件下，外源基因的表达产物在大肠杆菌中积累并致密地聚集在一起形成无膜的裸露结构，这种结构称为包含体。

9. 融合蛋白（fusion protein）：将外源蛋白基因与受体菌自身蛋白基因重组在一起，但不改变两个基因的可读框，以这种方式表达的蛋白称为融合蛋白。

10. 复制子（replicon）：是一段包含 DNA 复制起始位点和反式因子作用区在内的 DNA 片段，是从一个 DNA 复制起点开始，由这个起点起始的复制叉完成的片段。

11. 基因沉默（gene silencing）：是指生物体中特定基因由于某种原因不表达的现象。基因沉默是真核生物细胞基因表达调节的一种重要手段。

12. 免疫印迹（Western blot）：是一种通过电泳把蛋白质组分从凝胶转移到膜上，通过抗体与附着于膜上的靶蛋白所呈现的特异性反应进行检测目的蛋白的方法。

13. 顺式作用元件（*cis*-acting element）：存在于基因旁侧序列中能影响基因表达的序列。顺式作用元件包括启动子、增强子、调控序列和可诱导元件等，它们的作用是参与基因表达的调控，本身不编码任何蛋白质，仅仅提供一个作用位点，与反式作用因子相互作用而起作用。

14. 反式作用因子（*trans*-acting factor）：是指能直接或间接地识别或结合在各类顺式作用元件核心序列上参与调控靶基因转录效率的蛋白质。

15. 多顺反子（polycistronic mRNA）：受同一个控制区调控的一组基因。它们前后排列，并一起被转录和翻译而得到一组功能相关的蛋白质或酶。多见于原核生物。

16. 可变剪接（alternative splicing）：有些基因产生的 mRNA 前体可按不同的方式剪接，产生出两种或更多种 mRNA，即可变剪接。

17. 表达载体（expression vector）：是在克隆载体基本骨架的基础上增加表达元件（如启动子、RBS、终止子等）的载体，是目的基因能够表达的载体。

18. SD 序列（SD sequence）：又称为核糖体结合位点，是 mRNA 分子上与核糖体互补结合的位点。它是起始密码子 AUG 和一段位于 AUG 上游 3～10bp 处的由 3～9bp 组成的序列。

19. 信号肽（signal peptide）：是指新合成的多肽链中用于指导蛋白质跨膜转移（定位）的 N 端的一小段氨基酸序列（有时不一定在 N 端）。信号肽一般由 15～30 个氨基酸组成。

20. 标记基因（marker gene）：是一种已知效应的基因，能够使个体具备一定的特征并且通过生理学、形态学、生物化学或分子生物学检测能够发现其存在的基因。标记基因能够起特异性标记的作用。

21. 沉默突变（silent mutation）：即同义突变，突变虽然替换了碱基，但氨基酸顺序未变，依然保持原生物体的功能，没有明显效应。

22. 酶联免疫吸附测定（enzyme-linked immunosorbent assay，ELISA）：是以免疫学反应为基础，将抗原、抗体的特异性反应与酶对底物的高效催化作用结合起来的一种敏感性很高的检测技术。

【知识要点】

外源基因在宿主细胞（原核细胞或真核细胞）中的表达是基因工程的核心技术。迄今为止，已构建了多种基因表达系统，包括原核生物基因表达系统和真核生物基因表达系统，不同表达系统具有各自的特点。外源基因在受体细胞中的表达包括转录和翻译两个环节，它是在一系列酶蛋白和调控序列的共同作用下完成的。

一、外源基因的起始转录与 mRNA 的延伸

外源基因的起始转录是基因表达的关键步骤。转录起始的速率是基因表达的限速步骤。因此，理想的表达系统应该拥有可调控的转录启动子和相关的调控序列，这也是构建一个表达系统首先要考虑的问题。一般来说，理想的可调控的转录启动子应是可受外界简单诱导因素（如温度、光或化学药物）控制的，在受体细胞生长的初期或不适合外源基因表达时，外界不施加诱导因素，启动子不起作用或只起很微弱的作用，但当受体细胞增殖达到一定的密度或适合外源基因表达时，通过外界施加诱导因素诱导转录启动子启动转录，合成 mRNA。

外源基因起始转录后，保持 mRNA 的有效延伸、终止及稳定存在是外源基因有效表达的关键。因此，正常有效的转录终止子的存在也是外源基因有效表达的重要因素，它可以防止产生不必要的转录产物。

mRNA 的稳定性直接决定翻译产物的多少。对原核细胞来说，最佳的方法是选择 RNase 缺失的受体菌。对真核细胞来说，则需要考虑增加 mRNA 的正确加工，提高成熟 mRNA 的稳定性。

二、外源基因 mRNA 的有效翻译

翻译是 mRNA 指导多肽链合成的过程。翻译的起始是多种因子协同作用的过程，其中包括 mRNA、16S rRNA、fMet-tRNA 之间的碱基配对。在原核细胞中影响翻译起始的因素有：起始密码子、核糖体结合位点（SD 序列）、起始密码与 SD 序列之间的距离、碱基组成、mRNA 的二级结构、mRNA 上游的 5′端非翻译序列和蛋白编码区的 5′端序列等。对于真核细胞来说，情况更复杂，其中 mRNA 的 5′端非翻译序列不存在 SD 序列，但绝大多数 mRNA 的起始序列都有序列共同性，即 5′-CCA(G)CCATGG-3′。

不同基因组使用密码子具有选择性。通常在基因组中使用频率高的密码子被

称为主密码子，与之相对的称为罕用密码子或稀有密码子。如果外源基因 mRNA 的主密码子与受体细胞基因组的主密码子相同或接近，则该基因表达的效率就高；反之，若外源基因含有较多的罕用密码子，则其表达水平就低。

mRNA 序列上的终止密码对正确翻译的效率有很多影响，也是一个重要因素。3 个终止密码的翻译终止效率存在明显差异。在真核生物细胞中，以 UAA 在基因表达中的终止效率为最高。在原核生物细胞中，一般也选用 UAA 作翻译的终止密码。据报道，在大肠杆菌中，以 UAAU 作为终止密码可有效地终止多肽链的合成。

三、表达蛋白在细胞中的稳定性

外源基因的表达蛋白产物能否在宿主细胞中稳定积累而不被内源蛋白水解酶所水解是基因表达的一个重要因素。避免外源基因表达蛋白降解可以从如下几个方面考虑：①构建融合蛋白表达系统。将外源蛋白与宿主细胞蛋白融合表达，这样有可能在较大程度上封闭外源蛋白分子上的内源蛋白水解酶作用位点，从而增加外源蛋白的稳定性，同时还可能增加外源蛋白的溶解性。②构建分泌蛋白表达系统。使外源基因表达的蛋白产物及时分泌到宿主细胞的周质腔，或直接分泌到细胞外培养基中，避免细胞内的蛋白水解酶对外源蛋白的降解。③构建包含体表达系统。外源基因表达的蛋白产物以包含体形式存在于宿主细胞中时，这种沉淀物不易被细胞内的蛋白水解酶所降解。④选择蛋白水解酶基因缺陷型的受体系统，这样的宿主细胞丧失了一种或多种蛋白水解酶，使得外源基因表达的蛋白产物可以相对稳定地存在于宿主细胞中。

四、目的基因沉默

基因沉默是导致外源基因不能正常表达的重要因素，其主要表现在转基因植物和转基因动物中。基因沉默的作用机制主要有 3 种：①位置效应的基因沉默。是指外源基因在宿主细胞基因组中整合的位置不当而造成外源基因不能表达的情形。②转录水平的基因沉默。是在 DNA 水平上的基因调控结果，主要是启动子的甲基化或外源基因的异染色质化引起的。③转录后水平的基因沉默。是较普遍存在的一种基因沉默情形，虽然外源基因能转录成 mRNA，但正常的 mRNA 不能积累，mRNA 合成后就被降解或被反义 RNA 或蛋白质封闭，因而不能指导 mRNA 的翻译。

重复序列和同源序列是导致基因沉默的普遍原因，因此，在构建表达载体时，应尽量避免与内源序列具有较高的同源性。

五、基因表达的控制元件

1. 启动子

启动子是一段提供 RNA 聚合酶识别和结合的 DNA 序列，它位于基因的上游。启动子的长度因生物的种类而异，一般不超过 200bp。一旦 RNA 聚合酶定位并结合到启动子序列上，即可启动转录。在转录时，启动子序列不转录出相应的 RNA。启动子具有如下特征：①序列特异性，在 DNA 序列中通常含有几个保守的序列框；②方向性，启动子是一种有方向性的顺式调控元件；③位置特性，启动子只能位于所启动转录基因的上游或基因内的前端；④种属特异性，启动子具有种属和组织特异性，但一般来说，亲缘关系越近的物种，启动子通用的可能性也越大。

原核生物的启动子一般有 4 个部分构成：转录起始位点、Pribnow 框、Sextama 框、间隔区。根据真核基因编码的产物和 RNA 聚合酶的种类可把真核生物的启动子分为 3 类：rRNA 基因启动子、mRNA 基因启动子、tRNA 基因启动子。

2. 增强子

增强子是能够增强启动子转录效率的 DNA 顺式作用元件。增强子是通过启动子来增加转录的，其发挥作用的方式通常与方向、距离无关。增强子的结构类似于启动子，由多个元件组成，每个元件可以与一种或多种转录调控因子结合，其增强转录作用是由于结合于增强子上的蛋白质与启动子蛋白质形成转录复合物所致。转录调控区常含有多个自主的增强子，每个长 50～1500bp。增强子的特性主要体现在：①双向性，增强子的正反两个方向都具有调节活性；②重复序列，增强子一般都含有能独立行使功能的重复序列；③增强子行使的功能与所处的位置无关，增强子可位于转录起始点的上游或下游，甚至处在转录序列之中；④特异性，大多数增强子具有组织或细胞特异性，许多增强子只在某些细胞或组织中表现活性，这是由这些细胞或组织中具有特异性蛋白质因子决定的；⑤增强子对启动子没有严格的专一性，增强子不仅与同源基因相连时有调控功能，与异源基因相连时也有相同的功能。

3. 终止子

终止子是 DNA 分子中终止转录的核苷酸序列。终止子可分为本征终止子和依赖终止信号的终止子两类。本征终止子是指不需要其他蛋白辅助因子便可在特殊的 RNA 结构区内实现转录终止作用的终止子；依赖终止信号的终止子则要依赖专一的蛋白质辅助因子才能起到转录终止作用。在转录时，终止子也被转录出来。

4. 衰减子

衰减子是基因表达调控的精细调节装置，它利用了原核生物转录与翻译相偶联的特性，依赖自身巧妙的特征序列和相应的 RNA 二级结构，对基因转录进行开关式的微调作用，从而保证原核生物在相关操纵子处于阻碍的状态下仍能以一个基底水平合成氨基酸、核苷酸、抗生素等。

转录衰减是原核生物特有的调控机制。衰减子最早发现于大肠杆菌色氨酸操纵子中。色氨酸操纵子中第一个结构基因与启动序列 P 之间有一衰减子区域。色氨酸操纵子的序列 1 中有两个色氨酸密码子，当色氨酸浓度很高时，核蛋白体（核糖体）很快通过编码序列 1，并封闭序列 2，这种与转录偶联进行的翻译过程导致序列 3、序列 4 形成一个不依赖 ρ（rho）因子的终止结构——衰减子。

5. 绝缘子

绝缘子是通常位于启动子与正调控元件（如增强子）或负调控因子（异染色质）之间的一种调控序列。在真核生物基因组中，绝缘子既是基因表达的调控元件，也是一种边界元件，它能阻止邻近的调控元件对其所界定基因的启动子起增强或抑制作用，但绝缘子本身对基因的表达既没有正效应，又没有负效应。绝缘子的作用是有方向性的。绝缘子长几百个核苷酸对。

6. 反义子

反义 RNA 是一类与特定的 DNA 序列互补的小分子 RNA。编码反义 RNA 的 DNA 称为反义子。反义 RNA 广泛存在于原核生物和真核生物中，它在 DNA 的复制、转录和翻译 3 个水平对基因的表达起着调节作用，其中以对蛋白质合成的抑制最为普遍。

在 DNA 的复制水平上，反义 RNA 与引物 RNA 前体互补，使引物 RNA 无法与 DNA 模板结合，进而抑制 DNA 复制的频率。在转录水平上，反义 RNA 对基因表达的调控是多形式的，可能贯穿转录的整个过程。在翻译水平上，反义 RNA 的调控主要有两种形式：①通过与 mRNA 的 5′端 SD 序列结合，改变 mRNA 的空间构象，从而影响核糖体在 mRNA 上的定位；②通过与 mRNA 的 5′端编码区（如起始密码）结合，直接抑制翻译的起始。

六、外源基因表达系统

外源基因表达系统泛指目的基因与表达载体重组后，导入合适的受体细胞，并能在其中有效表达，产生目的基因产物（目的蛋白）。因此，外源基因表达系统由基因表达载体和相应的受体细胞两部分组成。

外源基因表达系统包括原核生物基因表达系统和真核生物基因表达系统。应用最广泛的是原核生物基因表达系统，因为与真核生物基因表达系统相比，它具有一些优良的特性，主要包括：①原核生物细胞只有一种 RNA 聚合酶，可催化所有的RNA合成，而且转录和翻译相偶联，可连续进行；②细胞易培养、易控制、生长快，可通过发酵迅速获得大量目的基因表达的产物；③基因组结构简单，便于基因操作和分析；④多数原核生物细胞含有质粒或噬菌体，便于构建相应的表达载体；⑤代谢途径和基因表达调控机制比较清楚。然而，原核生物基因表达系统也有其局限性，突出表现在：①外源基因不能带有内含子，不能直接用真核基因组DNA，必须用cDNA；②不具有真核生物的翻译后蛋白质加工系统，如糖基化、氨基酸修饰等，往往会造成表达的真核目的蛋白的活性不理想；③内源蛋白水解酶会降解表达的外源蛋白，造成表达产物不能稳定积累。

目前应用的原核生物基因表达系统主要有大肠杆菌基因表达系统、芽孢杆菌表达系统、链霉菌表达系统和蓝藻表达系统。目前应用的真核生物基因表达系统主要有酵母表达系统、植物细胞表达系统、昆虫细胞表达系统和动物细胞表达系统。

1. 大肠杆菌基因表达系统

大肠杆菌是一种革兰氏阴性细菌，其遗传背景清楚，目标基因表达的水平相对较高，培养周期短，目前大多数外源基因都是以大肠杆菌为受体系统进行表达的，它是目前为止应用最广泛的基因表达系统。目前其他较为广泛应用的表达系统主要包括以下几种：Lac和Tac表达系统、P_L和P_R表达系统、T7表达系统等。

外源基因在大肠杆菌中的表达产物可能存在于细胞质、细胞周质和细胞外培养基中，其表达产物的存在形式包括可溶性蛋白和不可溶性蛋白两种。

（1）可溶性蛋白。可溶性蛋白可以是表达的单纯外源蛋白，存在于胞内（可溶型外源蛋白）或分泌到胞外（分泌型外源蛋白），也可以通过表达受体蛋白与外源蛋白融合产物，即融合蛋白的形式来实现。分泌型外源蛋白形式表达的外源基因具有独特的优点，如简化了后处理的纯化工艺，减少了被内源性蛋白水解酶降解的概率，以及有利于形成正确的空间构象等。但欲实现外源基因表达产物为分泌型的，至少外源基因的5′端必须含有编码信号肽的基因序列。在信号肽N端的最初几个氨基酸多为带正电荷的氨基酸，中部和后部多为疏水性氨基酸，以利于通过细胞膜。由于需要穿过两层膜，大肠杆菌只能分泌极少的蛋白质到培养基中，效果都不太理想。

对于融合蛋白，一般来说，受体蛋白位于N端，外源蛋白位于C端。外源蛋白与受体蛋白融合表达后，其稳定性往往得以增加，但其中外源蛋白的空间构象可能不同于外源蛋白的天然构象。

（2）不可溶性蛋白。其主要以包含体形式存在于宿主细胞的细胞质中，在某些条件下也有可能在细胞周质中形成。包含体主要由表达的蛋白质产物组成，是存在于细胞质中的一种不溶性蛋白质聚集折叠而成的晶体结构物，其缺点是虽然它们具有正确的一级结构，但空间构象却是错误的，因此生物活性较差或没有生物活性，其优点主要是不损害寄主细胞，易于分离纯化，同时对蛋白水解酶表现出很好的抗性。位于周质中的表达产物容易被浓缩和纯化，有利于正确折叠，被降解得少。

大肠杆菌中高效表达目的基因的策略包括：选择强启动子序列，优化表达载体的设计；提高稀有密码子 tRNA 的表达作用，提高翻译的起始效率；提高外源基因 mRNA 的拷贝数和稳定性；提高外源基因表达产物的稳定性，防止被宿主的酶降解；优化发酵过程；减轻宿主细胞的代谢负荷等。

2. 芽孢杆菌表达系统

芽孢杆菌属于革兰氏阳性菌，细胞壁不含内毒素，能将表达蛋白分泌到细胞外。目前用作基因表达系统的有枯草芽孢杆菌和短小芽孢杆菌等。利用芽孢杆菌作为表达外源基因的受体菌有如下优点：①许多芽孢杆菌是非致病性微生物，培养条件简单，生长迅速；②表达产物能分泌到细胞外的培养基中，且多数表达产物具有天然构象和生物学活性；③某些芽孢杆菌的遗传背景比较清楚，便于进行遗传操作；④利用芽孢杆菌进行发酵的技术相当成熟。

3. 链霉菌表达系统

链霉菌是一类革兰氏阳性细菌，作为外源基因表达的受体细胞，具有如下特点：①为非致病性细菌，不产生内毒素；②可进行外源蛋白的分泌表达；③可进行高密度培养，具有丰富的次级代谢途径和初级、次级代谢调控体系，但表达外源蛋白的时间较长；④链霉菌在传统发酵工业中应用历史悠久，有良好的工业化基础。

目前有多种酶蛋白基因和次级代谢产物合成基因是应用链霉菌表达系统表达的。

4. 蓝藻表达系统

蓝藻是近年来迅速发展起来的一种很好的表达系统。含有叶绿素 a 和藻胆色素，具有光合系统Ⅰ（PSⅠ）和光合系统Ⅱ（PSⅡ），能进行光合作用，因此也称为蓝绿藻。蓝藻还具有细菌特征，而且分布广泛。该表达系统近些年受到了极大的关注。

5. 酵母表达系统

酵母是外源基因最理想的真核生物基因表达系统。酵母表达系统具有以下优点：①已经分离出很强的启动子；②基因表达调控的机制比较清楚，遗传操作相对简便；③具有原核生物所不具备的蛋白质翻译后的加工和修饰系统；④可将外源基因表达产物分泌到培养基中，便于胞外蛋白的纯化；⑤对人体和环境安全，不含内毒素和特异性病毒；⑥可进行大规模的发酵，工艺简单而成熟，成本低廉。但同时酵母表达系统具有如下缺点：①表达量普遍低；②常常发生质粒丢失；③重组蛋白常常超糖基化，如每个 *N*-寡糖链上含有 100 多个甘露糖，正常的高甘露糖寡糖链上仅有8～13个甘露糖；④分泌困难，分泌型蛋白有时会留在壁膜间隙。

在酵母中高效表达外源基因的策略包括：选择合适的受体细胞系统，提高表达载体在细胞中的拷贝数，提高外源基因转录水平。

6. 昆虫细胞表达系统

杆状病毒（baculovirus）是广泛侵染包括许多昆虫在内的无脊椎动物的病毒，可作为载体实现目的基因在昆虫细胞中的表达。杆状病毒的表达特点：感染后36～48h，病毒开始合成大量的多角蛋白，多角蛋白的启动子特别强，多角蛋白基因可以被替换掉而不影响病毒的繁殖。

昆虫细胞表达系统中最普遍应用的宿主细胞株源自草地夜蛾的细胞株，在这种细胞中，多角蛋白的启动子特别活跃。多角体基因被外源基因取代后，病毒仍然能形成有感染能力的病毒粒子，但不能形成多面体。通过显微镜检查看是否有多面体形成。

7. 哺乳动物细胞基因表达系统

由于哺乳动物细胞在结构、功能和基因表达调控等方面较复杂，因此外源基因在哺乳动物细胞中的表达与在原核生物中的表达存在较大差异。动物细胞基因克隆和表达载体常用的是SV40、pSV2、pcDNA3系列载体。

外源基因在哺乳动物细胞中的表达包括基因的转录、mRNA翻译及翻译后蛋白质的加工等过程。一般来说，真核生物基因在原核细胞中进行转录和翻译是没有问题的，有时甚至能表达具有一定构象和活性的蛋白质，但在原核细胞中无法进行更精确的翻译后加工，如蛋白质的糖基化、磷酸化、寡聚体的形成以及蛋白质分子内或分子间二硫键的形成等。因此，要表达具有生物学功能的蛋白质，如膜蛋白或具有特异性催化功能的酶，就需要在高等真核生物细胞中进行。

哺乳动物基因表达载体包括质粒载体（穿梭质粒载体）和病毒载体两大类。哺乳动物基因表达宿主细胞选择的原则是来源丰富、转化效率高、表达效果好。

8. 植物细胞基因表达系统

外源基因在植物细胞中的有效表达借助于Ti质粒。Ti质粒是存在于能引起植物形成冠瘿瘤的土壤农杆菌中，诱导冠瘿瘤形成，又称为肿瘤诱导质粒。Ti质粒能够自发地整合到植物的染色体上，能转化多种植物，有一个强启动子，能启动外源基因的表达。Ti质粒转化的对象包括裸子植物、双子叶被子植物和禾谷类单子叶植物（玉米）。

植物基因表达系统不同于原核生物表达系统和哺乳动物细胞表达系统，当一个转基因受体细胞经过诱导和分化后可发育成为一棵转基因植株，每棵转基因植株就是一个具有能适应环境变化并进行自我调整的生命系统。此外，转基因植物能进行光合作用，培养条件非常简单，生产成本低廉。因此，转基因植物技术在未来的农业和医药领域有非常广阔的前景。

七、基因表达产物的检测

外源基因表达产物的检测过程就是对特异性 mRNA 或蛋白质的检测。检测特异性 mRNA 的方法主要有 Northern 印迹杂交法；检测特异性蛋白质的方法主要有生化反应检测法、免疫学检测法和生物活性检测法。

当转化的外源目的基因表达产物没有可供直接检测的性质时，可把外源基因与标记基因或报告基因一起构成嵌合基因，通过检测嵌合基因中的标记基因或报告基因而间接确定外源目的基因的存在和表达。

八、基因表达产物的分离纯化

在许多情况下，如为了商业目的或需要对外源基因表达产物做进一步的分析研究时，需要对外源基因表达产物进行分离纯化。外源基因表达产物的分离纯化一般包括细胞破碎、离心分离、柱层析和电泳等操作。

常见的细胞破碎方式有变性剂裂解法、超声波破碎法、机械破碎法、酶裂解法。柱层析技术是蛋白质分离纯化的重要手段，包括凝胶柱层析、离子交换层析、吸附层析、金属螯合层析、共价层析、疏水层析以及亲和层析等。所有的层析系统都由互不相溶的两相组成，一个是固定相，即层析介质，另一个是流动相。利用混合溶液中蛋白质分子的理化特性（如吸附力、分子形状大小、分子极性、分子亲和力、分配系数等）差异，使各组分以不同比例分布在两相中，并以不同的速度移动，最终彼此分开。电泳方法不仅是分离蛋白质的重要手段，也可用来少量制备或纯化蛋白质。最常用的电泳法是聚丙烯酰胺凝胶电泳法。

【试题精选】

一、名词解释

1. 酶联免疫吸附测定（enzyme-linked immunosorbent assay，ELISA）
2. 基因沉默（gene silencing）
3. 顺式作用元件（*cis*-acting element）
4. 反式作用因子（*trans*-acting factor）
5. 包含体（inclusion body）
6. 反义 RNA（antisense RNA）
7. 免疫印迹（Western blot）
8. 衰减子（attenuator）
9. 多顺反子（polycistronic mRNA）
10. 可变剪接（alternative splicing）
11. 表达载体（expression vector）

12. SD序列（SD sequence）

13. 启动子（promoter）

14. 增强子（enhancer）

15. 终止子（terminator）

16. 复制子（replicon）

17. 信号肽（signal peptide）

18. 穿梭质粒（shuttle plasmid）

19. 标记基因（marker gene）

20. 沉默突变（silent mutation）

21. 绝缘子（insulator）

22. 融合蛋白（fusion protein）

二、填空题

1. 根据外源片段提供的遗传表型筛选重组体，主要表现为__________和__________两种情况。

2. 植物细胞基因表达转录水平的调控，主要受________和________的调控。而转录水平后的调控主要是指________和________的调控。

3. 植物细胞基因表达受体系统包括__________系统，__________系统和__________系统。

4. 反式作用因子有两个重要的功能结构域：__________和__________，它们是发挥转录调控功能的必需结构。

5. 启动子是一段提供________识别和结合的DNA序列。

6. 大肠杆菌Lac操纵子有________、________和________3部分组成。试验中常用的用于诱导目的蛋白的乳糖类似物是________，缩写为________。

7. 细胞破碎的常用方法有________，________，________和________。

8. 酵母基因表达系统一般是一种________质粒，能在酵母和大肠杆菌中进行复制。

9. 芽孢杆菌属于革兰氏阳性菌，它的表达载体包括________，________和________3类。它最重要的优点是________________。

10. pBR322是一种改造型的质粒，它的复制子来源于________，它的四环素抗性基因来自于________，它的氨苄青霉素抗性基因来自于________。

11. pUC18质粒是目前使用较为广泛的载体。pUC系列的载体是通过________和________两种质粒改造而来。它的复制子来自________，Amp抗性基因则是来自________。

12. 噬菌体载体由于受到包装的限制，插入外源DNA片段后，总的长度应在噬菌体基因组的________的范围内。

13. RNA分子经凝胶电泳后按大小不同分开，然后被转移到一张硝酸纤维素膜（尼龙膜）上，同一放射DNA探针杂交的技术称为________。在________技术中，DNA限制性片段经凝胶电泳分离后，被转移到硝酸纤维素膜（或尼龙膜）上，然后与放射性的DNA探针杂交。

14. 将含有外源基因组一个酶切片段的质粒称之为含有一个________，各种此类质粒的集合体称之为构建了一个________。

15. 原核生物的表达是以________为单位的。

16. 原核生物启动子一般有两段彼此分开而又高度保守的核苷酸序列组成，分别称为________和________。

17. 真核生物转录mRNA后的加工有________，________以及________等。

18. 第一个用于生产重组蛋白的酵母为________，用酵母生物技术得到的第一个医用产品是________。

19. 甲醇酵母可以在培养基中只利用________作为唯一碳源。

20. 利用酵母的原生质体进行转化的第一步是________。

21. 原核生物基因表达的启动子可分为两大类：________和________。

22. 在原核细胞中，有效翻译起始须考虑下列基本原则：________________、________________、________________以及后两者之间的________________和________________。

23. 基因沉默的作用机制主要有3种：________________、________________和________________。

24. 翻译的起始是多种因子协同作用的过程，其中包括：____________、____________、____________及其之间的碱基配对。

25. 大肠杆菌Lac操纵子由________、________和________3部分组成。

26. 影响大肠杆菌发酵的因素包括__________、__________、____________和____________。

27. 外源基因表达产物的总量取决于________和________。

28. 芽孢杆菌的表达载体包括________、________和________。

29. 检测外源基因转录产物可以通过________和________。

30. 哺乳动物基因载体包括________和________。

31. 外源蛋白表达时信号肽的作用是________。信号肽一般位于多肽链的________端。

32. 在杆状病毒-昆虫细胞表达系统中，是利用了________基因可以被替换而不影响病毒的繁殖的原理。

33. Southern blot、Northern blot和Western blot分别是检测________、________、________的方法。

三、判断题

1. Native-PAGE不仅可以用来检测蛋白质，还可以用来分离和纯化表达蛋白。（ ）

2. 包含体蛋白对蛋白酶具有较好的抗性。（ ）

3. Northern杂交可以检测外源基因是否存在于受体细胞中。（ ）

4. 启动子与克隆基因间的距离对基因表达有影响。（ ）

5. 增强子是能够增强启动子转录效率的DNA顺式作用元件，一般都位于转录起始位点的上游。（ ）

6. 原核生物基因的控制主要是在翻译水平，内含子不能被切除。（ ）

7. 原核生物的转录和翻译是可以同时进行的，一个核糖体可以在一条mRNA上合成多条多肽链。（ ）

8. 在基因工程操作中，只要在受体细胞中检测到目的基因，就能表达。（ ）

9. 真核表达载体的元件组成及结构是哺乳动物细胞高效表达外源基因的关键因素之一。（ ）

10. 保持培养基的温度是培养哺乳动物细胞的主要控制任务。（ ）

11. 所有基因的5′端均存在SD序列。（ ）

12. 翻译起始区周围的序列形成明显的二级结构会影响外源基因的表达。（ ）

13. 原核生物的不同种属，真核生物的不同组织都具有不同类型的启动子。（ ）

14. 3个终止密码子中UAA在基因表达中的终止效率最高。（ ）

15. 如果外源基因具有相同或类似于天然蛋白的构象，就不会被降解。（ ）

16. 大肠杆菌基因对某些密码子的使用有较大的偏爱性，在几个同一密码子中往往只有一个或两个被频繁地使用。（ ）

17. 芽孢杆菌属于革兰氏阴性菌。（ ）

18. 自主复制质粒是一类穿梭质粒，能在大肠杆菌中复制，也能在芽孢杆菌中自主复制。（ ）

19. 芽孢杆菌通常只有一层细胞膜，分泌型蛋白跨膜后就进入到培养基中。（ ）

20. 通过Southern杂交可以检测到外源基因是否存在于受体细胞中，但并不能确定外源基因能否转录。（ ）

21. 通过Northern杂交可以检测到外源基因是否转录出mRNA。（ ）

22. 多肽链需要有N端信号序列或前导序列才能进入细胞器（如线粒体、叶绿体）中，或掺入其膜上，这一定位过程总发生在翻译后。（ ）

23. 密码子中的第三位是高度可变的。(　　)

24. 色氨酸和甲硫氨酸仅仅由一个密码子所编码。(　　)

25. 每 3 个核苷酸编码一个氨基酸。(　　)

26. mRNA 的一个功能是识别密码子。(　　)

27. DNA 复制用到了 DNA 聚合酶和 RNA 聚合酶。(　　)

28. 细菌中，ρ 依赖的终止子比简单终止子常见。(　　)

四、选择题

1. 基因工程中所用的质粒载体大多是改造过的，真正的天然质粒载体很少，在下列载体中只有(　　)被视为用作基因工程载体的天然质粒载体。

A. pBR322　　B. pSC101　　C. pUB110　　D. pUC18

2. 下列哪种克隆载体对外源 DNA 的容载量最大？(　　)

A. 质粒　　B. 黏粒

C. 酵母人工染色体（YAC）　　D. λ噬菌体

3. 松弛型质粒，(　　)。(多项)

A. 在寄主细胞中拷贝数较多　　B. 可用氯霉素扩增

C. 一般没有选择标记

4. 用于核酸分子杂交的探针可以是放射性标记的(　　)。

A. DNA 或 RNA　　B. 蛋白质

C. 抗体　　D. 抗原

5. 能够用来克隆 32kb 以下大小的外源片段的质粒载体是(　　)。

A. charomid　　B. plasmid　　C. cosmid　　D. phagemid

6. 启动子是基因表达调控中的(　　)。

A. 重要的反式元件　　B. 重要的顺式元件

C. 重要的反式元件和顺式元件

7. 分离蛋白质的方法有(　　)。(多项)

A. 沉淀法　　B. 超滤浓缩法　　C. 柱层析法　　D. PAGE

8. 利用蛋白质的哪些特性进行蛋白质的分离纯化？(　　)(多项)

A. 大小　　B. 酸碱度　　C. 溶解度　　D. 形状

9. 关于分化蛋白的糖基化反应哪些是对的？(　　)(多项)

A. 几乎全部分化蛋白都糖基化

B. 糖基化只发生在天冬氨酸的氨基上

C. 低聚糖在双脂层中合成，再被转到蛋白质上

D. 通过去掉甘露糖残基使寡聚糖被修饰

E. 在蛋白质离开内质网前已完成了低聚糖的加工

10.“信号序列”是(　　)。

A. 16S（原核）或 18S（真核）rRNA 上一段特异性序列

B. 被翻译出的 mRNA 前导区的名称

C. 为掺入或穿过细胞膜的独特的蛋白质 N 端氨基酸序列

D. 分子标记的一集合名称，如蛋白质锚向和分类中的糖基化

11. 基因组是(　　)。

A. 一个有机体的缩小表现型

B. 一个有机体所含的所有基因分子

C. 二倍体细胞中染色体的数目

D. 遗传单元

E. 某机体的某个特定细胞所含有的全部基因分子

12. 复制子是(　　)。

A. 细胞分裂期间复制后被分离的 DNA 片段

B. 将要复制的 DNA 片段，其过程中需要酶和蛋白质的参与

C. 任意一段不被终止以顺式与原点隔开的自主复制的 DNA 序列

D. 原点与复制叉间的 DNA 片段

13. 对所有复制起点而言，以下哪些特征是共同的?(　　)(多项)

A. 原点是一段含多个短重复序列的独特的 DNA 片段

B. 原点是形成稳定二级结构的回文序列

C. DNA 结合蛋白多聚体特异性识别这些短重复序列

D. 原点旁序列的 A—T 对很丰富，利于 DNA 双螺旋解链

E. 原点旁序列的 G—C 对很丰富，可稳定起始复合物

14. 起始细菌基因转录的 DNA 结合蛋白称为(　　)。

A. 操纵子　　B. 启动子　　C. 阻遏物　　D. δ 因子

15. 用基因工程技术可使大肠杆菌合成人的蛋白质。下列叙述不正确的是(　　)。

A. 常用相同的限制性内切核酸酶处理基因和质粒

B. DNA 连接酶和 RNA 聚合酶是构建重组质粒必需的工具酶

C. 可用含抗生素的培养基检测大肠杆菌中是否导入了重组质粒

D. 导入大肠杆菌的目的基因不一定能成功表达

16. 关于原核生物基因表达的特点，不正确的是(　　)。

A. 用原核生物作宿主

B. 存在多种 RNA 聚合酶，都能识别原核细胞的启动子，因此可催化所有的 RNA 合成

C. 以操纵子为单位

D. 转录和翻译偶联，连续进行

17. 用下列方法进行重组体的筛选，只有(　　)说明外源基因进行了表达。

A. Southern 印迹杂交　　　　B. Northern 印迹杂交

C. Western 印迹　　　　D. 原位菌落杂交

五、简答题

1. 如何避免外源基因表达蛋白的降解？

2. 简述 ELISA 原理。

3. 简述植物基因表达受体系统的特点。

4. 一个理想的载体应具备哪些条件？

5. 制约目的基因表达的因素有哪些？

6. 什么是内含子？什么是外显子？

7. 简述调控外源基因表达的 4 个层次。

8. 要使外源基因在细胞中高效表达，构建的表达载体必须考虑哪些因素？

9. 造成重组异源蛋白在大肠杆菌中不稳定的原因包括哪些？

10. 如何保持 mRNA 在宿主细胞内的稳定性？

11. 采取哪些措施提高外源蛋白在大肠杆菌细胞内的稳定性？

12. 以酵母作为表达系统，有哪些特点？

13. 外源基因转移到受体细胞后的命运是怎样的？

14. 列举几种对基因表达产物进行免疫学检测的方法。

15. 在酵母中高效表达外源基因的策略是什么？

16. 报告基因有哪些特点？

17. 用 3 种具有不同 pH 的聚丙烯酰胺凝胶电泳分离几种不同蛋白质的混合物。每条凝胶中可以看到 5 条带，请问：(1) 能否合理地推断该混合物中仅有 5 种蛋白质？试做解释。(2) 若研究的是 DNA 片段的混合物，结论是否会不同？

18. 请问分泌蛋白是如何折叠的？

19. 蛋白质中总有一些极性氨基酸和非极性氨基酸侧链，请问哪些易于在蛋白质内部？哪些易于在表面？哪些几乎没区别？

20. 为什么大部分酶溶于水后会失活？

21. 如果剧烈振荡稀溶液以致产生气泡，大部分酶会失去活力，即使分子质量不降低也会发生这种情况，为什么？

22. 许多蛋白质由多个相同的亚基组成，其中有些具有单一的结合部位，而有些则具有多个相同的结合部位。在这两类多亚基蛋白质中结合部位的位置有何不同？

23. 什么是转录单位？是否等同于基因？

24. 简述启动子和增强子有哪些异同点。

25. 被转移到大肠杆菌中的动物基因不一定被转录，而在酵母中被转录的概率却很大，为什么？

26. 简要回答基因工程的主要操作内容和过程。

六、问答题

1. 请论述包含体的形成机理以及如何克服包含体的形成。

2. 已知一种酶需要高浓度的镁离子来表现活性，如果没有镁离子，酶蛋白会不可逆地变性。为了找到纯化该酶的方案，试用了离子交换柱层析和琼脂糖层析。两种情况下酶都失活了。为什么会这样？如何改进？

3. 如何维持质粒在细胞中的稳定？

4. 如何提高外源基因在原核细胞中的表达量？

5. 如何实现外源基因表达产物在宿主细胞中的稳定性？

6. 增强子的生物学意义和特性有哪些？

7. 一种人源蛋白 X，需要在外源宿主细胞中表达。现在有 4 种可供选择的宿主细胞：大肠杆菌、枯草芽孢杆菌、毕赤酵母、里氏木霉，请选择一种最理想的宿主细胞，并请说明选择的理由以及上述 4 种宿主细胞的特点。

8. 3 种受体菌①无 pUC 质粒转化的受体菌；②空 pUC 质粒转化的受体菌；③有外源 DNA 插入的 pUC 质粒转化的受体菌。请回答下列问题：每种受体菌（1）能否分解 X-gal？为什么？（2）是否有抗生素抗性？为什么？（3）在含抗生素和 X-gal 的培养基上培养，是否有菌斑生长？颜色如何？为什么？

9. 原核生物作为基因表达系统的受体细胞所具有的特点是什么？

10. 基因表达在原核生物与真核生物中的差别有哪些？

【参考答案】

一、名词解释

1. 酶联免疫吸附测定：略。
2. 基因沉默：略。
3. 顺式作用元件：略。
4. 反式作用因子：略。
5. 包含体：略。
6. 反义 RNA：略。
7. 免疫印迹：略。
8. 衰减子：略。
9. 多顺反子：略。
10. 可变剪接：略。
11. 表达载体：略。
12. SD 序列：略。
13. 启动子：略。
14. 增强子：略。
15. 终止子：略。
16. 复制子：略。
17. 信号肽：略。
18. 穿梭质粒：略。
19. 标记基因：略。
20. 沉默突变：略。
21. 绝缘子：略。
22. 融合蛋白：略。

二、填空题

1. 增加新性状；弥补缺陷

2. 顺式作用元件；反式作用因子；前体 mRNA 加工；mRNA 翻译起始。

3. 愈伤组织再生；直接分化再生；原生质体再生

4. DNA结合结构域；转录活化结构域

5. RNA聚合酶

6. 启动子；操纵子；结构基因；异丙基-β-D-硫代半乳糖苷；IPTG

7. 变性剂裂解法；超声波破碎法；机器破碎法；酶裂解法

8. 穿梭

9. 自主复制质粒；整合质粒；噬菌体；能够分泌表达

10. pMB1；pSC101；pSF2124

11. pBR322；M13；pMB1；转座子

12. 75%～105%

13. Southern blot；Northern blot

14. 基因组DNA克隆；基因组DNA文库

15. 操纵子

16. Pribnow区域；－35区域

17. 5′端加帽子；3′端加poly（A）；内含子的精确剪切加工

18. 酿酒酵母；乙型肝炎疫苗

19. 甲醇

20. 酶解酵母的细胞壁

21. 诱导型启动子；组成型启动子

22. mRNA的二级结构；起始密码子；核糖体结合位点序列（SD）；距离；碱基组成

23. 位置效应的基因沉默；转录水平的基因沉默；转录后水平的基因沉默

24. mRNA；16S rRNA；fMet-tRNA

25. 启动子；操纵子；结构基因

26. 溶氧；pH；温度；培养基的成分

27. 外源基因表达水平；菌体浓度

28. 自主复制质粒；整合质粒；噬菌体

29. Northern杂交；RT-PCR

30. 质粒载体；病毒载体

31. 能带领外源蛋白穿过膜到达周质或细胞外；N

32. 多角体蛋白

33. DNA；RNA；蛋白质

三、判断题

1. √　2. √　3. ×　4. √　5. ×
6. √　7. √　8. ×　9. √　10. ×
11. ×　12. √　13. √　14. √　15. ×
16. √　17. ×　18. √　19. √　20. √
21. √　22. ×　23. √　24. √　25. ×
26. ×　27. √　28. ×

四、选择题

1. B　2. C　3. AB　4. A　5. A
6. B　7. ABCD　8. ABCD　9. ACD
10. C　11. E　12. C　13. ACD
14. D　15. B　16. B　17. C

五、简答题

1. 答：①构建融合蛋白表达系统。②构建分泌蛋白表达系统。③构建包含体表达系统。④选择蛋白水解酶基因缺陷型的受体系统。

2. 答：EILSA主要是基于抗原或抗体能吸附至固相载体的表面并保持其免疫活性，抗原或抗体与酶形成的酶结合物仍保持其免疫活性和酶催化活性的基本原理。

在测定时，把受检标本（测定其中的抗体或抗原）和酶标抗原或抗体按不同的步骤与固相载体表面的抗原或抗体起反应，用洗涤的方法使固相载体上形成的抗原抗体复合物与其他物质分开，最后结合在固相载体上的酶量与标本中受检物质的量有一定的比例，加入酶反应的底物后，底物被酶催化变为有色产物，产物的量与标本中受检物质的量直接相关，根据颜色反应的深浅进行定性或定量分析。

3. 答：①具有高效稳定的再生能力。②较高的遗传稳定性。③具有稳定的外植体来源。④对选择性抗生素敏感。⑤对农杆菌侵染敏感，能有效接受外源基因。

4. 答：(1) 能自我复制并能带动插入的外源基因一起复制。

(2) 具有合适的限制性内切核酸酶酶切位点。在载体上单一的限制性内切核酸酶酶切位点越多越好，这样可以将不同限制性内切核酸酶切割后的外源DNA片段方便地插入载体。

(3) 具有合适的筛选标记，如抗药性基因等。

(4) 在细胞内拷贝数要多。这样才能使外源基因得以扩增。

(5) 载体的相对分子质量要小。这样可以容纳较大的外源DNA插入片段。载体的相对分子质量太大将影响重组体或载体本身的转化效率。

(6) 在细胞内稳定性高。这样可以保证重组体稳定传代而不易丢失。

5. 答：(1) 外源基因是否插入了正确的阅读框；

(2) 目的基因的有效转录；

(3) mRNA的有效翻译；

(4) 转录翻译后适当的修饰和加工。

6. 答：二者都是对于基因而言的，编码的部分为外显子，不编码的为内含子，内含子没有遗传效应。所谓mRNA就是信使RNA，是将来可以翻译成蛋白质的一种核糖核酸。生物体的各种表型效应都是由基因的最终产物蛋白质引起的。现在的研究认为内含子可能有一定的功能，比如在mRNA加工过程中起帮助作用，可能对机体有一定的调控作用，并且内含子只是对一个特定的基因而言是内含子，此内含子对于其他的基因而言，也有可能是外显子或者外显子的一部分。

7. 答：(1) 转录水平的调控。包括DNA转录成RNA时是否转录及转录频率的调控，DNA的序列决定了DNA的空间构型，DNA的空间构型决定了转录因子是否可以顺利地结合到DNA的调控序列上，比如结合到TATA等序列上。

(2) 翻译水平的调控。翻译水平的调控又可以分成翻译前的调控和翻译后的调控。

(3) 翻译前的调控。主要是RNA编辑修饰。生物体对RNA进行编辑剪切，比如核糖体RNA剪切后变成28S/16S/5S，还有一些甲基化修饰等。

(4) 翻译后调控。主要是蛋白质的修饰，蛋白质修饰后可以成为有功能的蛋白质或者有隐藏功能的蛋白质。

8. 答：①外源基因在细胞中的拷贝数。②基因转录的水平。③mRNA翻译的速度。

9. 答：①大肠杆菌缺乏复杂的翻译后加工和蛋白质折叠系统。②大肠杆菌不具备类似真核细胞的亚细胞结构和表达产物稳定因子。③大量的异源重组蛋白在大肠杆菌细胞中形成高浓度微环境，导致蛋白质分子之间的作用增强。

10. 答：一是尽可能减少外切酶可能对外源基因mRNA的降解；二是改变外源基因mRNA的结构，使之不易被降解。

11. 答：①将外源基因的表达产物转运到细胞周质或培养基中；②选用某些蛋白水解酶缺陷株作为受体；③对外源蛋白中水解酶敏感的序列进行修饰或改造；④在表达外源蛋白的同时，表达外源蛋白的稳定因子。

12. 答：①基因表达调控的机制比较清楚，遗传操作相对简便，已完成了对酿酒酵母基因组全序列的测定；②具有原核生物所不具备的蛋白质翻译后的加工和修饰系统；③可将外源基因表达产物分泌到培养基中；④对人体和环境安全，不含毒素和特异性病毒；⑤可进行大规模的发酵，工艺简单而成熟，成本低廉。

13. 答：(1) 外源基因与表达载体一起游离于染色体外进行转录。

(2) 外源基因整合到染色体上并进行转录。

(3) 外源基因整合到染色体上并不转录，而表现为基因沉默。

14. 答：免疫沉淀法，酶联免疫吸附法，免疫印迹法（Western 印迹法）。

15. 答：①选择合适的受体细胞系统。②提高表达载体在细胞中的拷贝数。③提高外源基因的转录水平。

16. 答：①表达产物及其功能在未转化的受体细胞中不存在；②报告基因的表达产物便于检测。

17. 答：（1）不能。不同形状可影响速度，两个蛋白质分子质量不同，形状也不同，可能会有相同的电泳速度。

（2）是的。因为所有片段有同样的形状和相同的电荷/质量比例。

18. 答：分泌蛋白在内质网中折叠成正确的三级结构。新合成的蛋白质被立刻转入内质网中，各个区域相继折叠。某种情况下正确的折叠要有低聚糖，内质网中也含有辅助分泌蛋白折叠的蛋白质。

19. 答：带非极性侧链的倾向于在内部，带极性侧链的倾向于在表面。对甘氨酸（Gly）没有区别，因它没有侧链。

20. 答：正常状态下溶液中离子与带电荷基团相互作用，因此会把酶由活性状态变成失活状态。

21. 答：泡沫增加了溶液的表面/体积值，也增加了酶分子位于表面的可能性，结果表面张力使酶被破坏。如果酶所含的必要疏水基团位于或者靠近活性位点，在泡沫中这些基团被氧化导致酶失活的概率将增大。

22. 答：当有单个结合位点时，该部位可能位于或邻近所有亚基的交界位点处。如果有几个相同的结合位点，定位就有可能不确定。如果结合位点的数目和亚基的数目相等，结合位点可能远离亚基之所有接触的区域。如果结合位点是亚基数目的一半，那么每一个结合位点可能位于两个亚基的连接区域。

23. 答：一个转录单位是 DNA 上从启动子到 RNA 聚合酶终止作用位点之间的序列。它通常不是一个基因，可能包括几个基因。

24. 答：启动子具有：①序列特异性；②方向性（顺式调控元件）；③位置特性（转录区上游）；④种属特异性。

增强子具有：①双向性；②重复序列；③无位置特异；④无基因特异；⑤可增强转录；⑥组织特异。

25. 答：大肠杆菌是原核生物，它的 RNA 聚合酶不能识别所有的真核生物的启动子。而酵母是真核生物，其 RNA 聚合酶能识别所有的真核生物的启动子。

26. 答：目的基因的获取；将目的 DNA 片段插入到载体分子中；将重组载体转入适当的受体细胞中；挑选转化成功的细胞克隆；使导入寄主细胞的目的基因表达出我们所需要的基因产物。

六、问答题

1. 答：包含体的形成机理：①在重组蛋白的表达过程中缺乏某些蛋白质折叠的辅助因子，而无法形成正确的次级键；②外源基因合成速度太快，没有足够的时间进行折叠、二硫键不能正确地配对、过多的蛋白质间的非特异性结合、蛋白质无法达到足够的溶解度等；③重组蛋白质的一级结构也与包含体形成有关，一般说含硫氨基酸越多越易形成包含体，而脯氨酸的含量明显与包含体的形成呈正相关；④重组蛋白所处的环境不适，发酵温度高或胞内 pH 接近蛋白质的等电点时易形成包含体。

防止形成包含体常用的方法：①降低重组菌的生长温度，是减少包含体形成的最常用的方法。低生长温度降低了无活性聚集体形成的速率和疏水相互作用；细菌生长缓慢溶氧水平低，也可减少包含体的形成。②在培养重组菌中供给丰富的培养基，创造最佳培养条件，如供氧充足、合适 pH 等，以减少包含体的形成。③添加可促进重组蛋白质可溶性表达的生长添加剂，增加细胞的渗透压。④在低的诱导剂条件下培养重组菌，减少重组蛋白表达量，也可减少包含体的形成。⑤利用硫氧还蛋白融合表达或与目标蛋白共表达，得到可溶性目的蛋白。筛选合适的宿主菌，使表达的重组蛋白可溶。

2. 答：需要高浓度的离子来表现活性的酶，在经离子交换柱时会因去除这些离子而失活。在琼脂糖层析中，因离子移动的速度比蛋白质慢得多，从而与酶蛋白分开，也会导致酶失活。解决这个问题的措施是使用该离子平衡的凝胶柱层析，并且洗脱液中离子浓度与之相等。

3. 答：(1) 多聚体质粒的分解。如果质粒在复制时形成多聚体的话，在细胞分裂过程中质粒丢失的可能性就会增加，由于多聚体在细胞分裂时将作为一个质粒进入一个子细胞，这样多聚体的形成就大大降低了质粒的有效拷贝数，因此，多聚体也就大大增加了细胞分裂时质粒丢失的机会。

(2) 分离。通过一种分离系统来防止在细胞分裂过程中质粒的丢失，这种机制保证在细胞分裂过程中每个子细胞至少可得到一个质粒拷贝，这是由称为 par 功能完成的。

(3) 质粒溺爱。质粒即使具有分离功能，也会从增殖的细胞中丢失。在一类细胞中，质粒能够编码一些杀死丢失了质粒的细胞。F 质粒、R1 质粒以及 P1 噬菌体都有这种功能。这些质粒编码一些毒性蛋白，这些蛋白质一旦表达就会杀死细胞。根据质粒的来源不同，毒性蛋白可通过各种方式杀死细胞。

4. 答：①启动子结构对表达效率有影响。启动子−35 区和−10 区序列与通用转录序列一致，间距为 17bp。②表达载体的选择。载体分子质量不宜过大，以 2.5～5.6kb 为佳。③细菌中基因表达对密码子有偏爱性，不偏爱的稀有密码子（AGA、AGG）表达效果差，应避免。④mRNA 的一级结构与基因表达。起始密码子的表达效率 AUG＞GUG＞UUG；SD 序列较长的效率高，SD 序列与 AUG 间距一般 6～12bp，4～10bp 为佳，9bp 最佳，SD 序列的 5′非翻译区若有 5′-UGAUCU，则有增强作用。⑤mRNA 的二级结构对翻译起始有影响。mRNA 形成二级结构时，可产生茎环，若 SD 序列、AUG 位于茎环内或发夹内，转译受抑制，在茎环外则有利于转译。⑥mRNA 稳定性有影响。REP 序列可阻止 mRNA 降解，偏爱密码子也起保护作用。

5. 答：①构建融合蛋白表达系统。在融合蛋白中外源蛋白与受体细胞蛋白能形成良好的杂合构象，这种构象不同于两种蛋白质单独存在时的构象，它能在较大程度上封闭外源蛋白分子上的水解酶作用位点，从而增加其稳定性。同时，有很多情况下融合蛋白还具有较高的水溶性。②构建分泌蛋白表达系统。使外源基因表达的蛋白质分泌到细胞周质腔或直接分泌到培养基中，避免细胞内的水解酶对表达蛋白的降解。③构建包含体表达系统。外源基因的表达产物以包含体的形式存在于受体细胞中，这种难溶性沉淀复合物不易被宿主蛋白水解酶所降解。④选择蛋白水解酶基因缺陷型的受体系统。蛋白水解酶缺陷的受体细胞具有较低的水解酶活性或完全丧失某一种水解酶的活性，因此可以保证基因表达产物在受体细胞内的相对稳定。

6. 答：略。

7. 答：选择里氏木霉作为表达人类蛋白 X 的首选宿主细胞。

(1) 虽然大肠杆菌具有易培养，成本低，遗传背景清楚等特点，但是对于人类蛋白质的表达，大肠杆菌具有难以跨越的障碍，即真核蛋白质常形成不溶性的包含体，蛋白质不能糖基化，产物蛋白质 N 端多余一个甲硫氨酸残基，其内毒素很难除去。因此排除大肠杆菌。

(2) 枯草杆菌作为表达宿主，也是很有吸引力的，其与大肠杆菌表达系统相比有以下优点：①枯草芽孢杆菌是非致病微生物，通常被认为是安全的。②分泌蛋白能力强，外源蛋白穿过细胞膜后，就直接被加工释放到培养基中。由于是分泌性表达，表达的蛋白质多数都被分泌到胞外，对菌体本身没有太大影响；且有生物活性，不易形成大肠杆菌表达系统常见的包含体，方便处理应用。③具有良好的发酵和生产技术。④有明显的密码子偏爱性。但是枯草芽孢杆菌作为细菌，仍然不是理想的人类蛋白的表达宿主。

（3）酵母菌是研究基因表达最有效的单细胞真核微生物。其基因组小，世代时间短，繁殖迅速，无毒性。能外分泌，产物可进行翻译后的加工和修饰（如糖基化修饰等），从而使表达出的蛋白质具有生物活性，并且营养要求低，生长快，培养基廉价，可高密度发酵培养。已有不少真核基因成功表达。但是酵母的分泌能力不强，并且酵母表达的外源蛋白往往会出现过度糖基化的修饰，从而影响了外源蛋白的活性。

（4）如果仅仅和大肠杆菌、枯草芽孢杆菌相比，表达人类蛋白酵母是首选，但是现在还有一种更具潜力的丝状真菌表达系统。丝状真菌具有高效的生产和分泌蛋白的能力，这是酵母所无法比拟的，同时丝状真菌能进行各种翻译后的加工修饰，如糖基化修饰、蛋白酶切割、二硫键的形成等，特别是糖基化修饰，丝状真菌与哺乳动物非常相似，这些使其表达和分泌人类蛋白具有得天独厚的优势和潜力。同时，丝状真菌与哺乳动物细胞相比培养简便，成本低，生长迅速，更易形成产业化；并且多种丝状真菌（如黑曲霉、米曲霉等）被美国 FDA 认证为安全的，可以用于食品和药物的生产。

综合以上特点，选择里氏木霉作为表达人类蛋白 X 的首选宿主细胞。

8. 答：（1）β-半乳糖苷酶部分缺失，不能分解 X-gal，无抗生素抗性，无菌斑生长。*LacZ'*、抗性基因在载体上。

（2）有 α 互补，能分解 X-gal，有抗生素抗性，有蓝色菌斑生长。*LacZ'*、抗性基因在载体上，均有活性。

（3）不能互补 β-半乳糖苷酶的缺失，不能分解 X-gal，有抗生素抗性，有白色菌斑生长。*LacZ'*、抗性基因在载体上，抗性基因有活性，*LacZ'*无活性。

9. 答：（1）原核生物大多数为单细胞异养，生长快，代谢易于控制，可通过发酵迅速获得大量基因表达产物。

（2）基因组结构简单，便于基因操作和分析。

（3）多数原核生物细胞内含有质粒或噬菌体，便于构建相应的表达载体。

（4）生理代谢途径及基因表达调控机制比较清楚。

（5）不具备真核生物的蛋白质加工系统，表达产物无特定的空间构象。

（6）内源蛋白酶会降解表达的外源蛋白，造成表达产物的不稳定。

10. 答：目前已构建出了多种基因表达系统，包括原核生物表达系统和真核生物表达系统，不同的表达系统具有各自的特点。在原核生物中，基因表达是以操纵子的形式进行的。当操纵子的调节基因与 RNA 聚合酶作用时，结构基因则开始转录成相应的 mRNA，与此同时，mRNA 立即与核糖体结合转译出相应的多肽或蛋白质，转录完毕时转译也完成，随之 mRNA 也被水解。在真核生物基因表达系统中，转录是在核内进行的，先生成hnRNA，再加工去掉内含子，外显子相连接，并修饰5′端和3′端后才形成 mRNA。而mRNA只能在细胞质中的核糖体上转译成多肽或蛋白质，再经过加工、糖基化形成高级结构。

第七章　基因工程应用

重点提示：基因工程的应用领域与产品（掌握），基因工程药物（掌握），基因工程抗体（掌握），基因工程疫苗（了解），转基因植物（熟悉），转基因动物（熟悉），分子遗传病的基因治疗（了解），艾滋病的基因治疗（了解），基因芯片的原理（掌握），基因芯片的应用（了解）。

【核心概念】

1. 基因工程药物（genetic engineering drug）：应用基因工程技术产生的蛋白质或类肽类药物。

2. 转基因植物（transgene plant）：应用基因工程技术，将外源基因导入植物细胞，并在其中整合、表达和传代，从而创造出新型的植物。通过这种方法创造出来的新型植物称为转基因植物。

3. 转基因动物（transgene animal）：应用基因工程技术，将特定的外源基因导入动物受精卵或胚胎，使之稳定整合于动物的染色体基因组并能遗传给后代的一类动物。

4. 基因治疗（gene therapy）：是指以正常的基因替代或修补病人细胞中的缺陷基因，从而达到校正和置换致病基因的一种治疗方法。

5. 基因芯片（gene chip）：又称为DNA芯片、DNA微阵列，它是指采用原位合成或显微印刷技术，将数以万计的DNA探针分子固定于支持物的表面上，产生的二维DNA探针阵列。

【知识要点】

自20世纪70年代发展起来的基因工程技术在30多年中得到了飞速发展，已成为生物技术的核心技术。时至今日，基因工程技术已经应用于人类生活的各个领域，包括农业、工业、能源、医药卫生、环境保护等方面。许多科学家预言，生物学将成为21世纪最主要的学科，基因工程及相关领域的产业将成为21世纪的主导产业之一。基因工程是细胞生物学、免疫学、分子生物学等多学科交叉的应用技术。

目前基因工程的应用主要包括医药领域、疫苗领域、工业领域、农业领域和分析检测领域。

一、基因工程在医药领域的应用

20 世纪 80 年代初第一种基因工程产品——人工胰岛素投放市场。自此，以基因工程药物为主导的基因工程应用产业成为发展最快的产业之一。基因工程药物主要包括：细胞因子、抗体、疫苗、激素和寡核苷酸药物等。用基因工程生产的人胰岛素、人生长激素、α-干扰素、单克隆抗体、艾滋病疫苗等对预防和治疗人类的肿瘤、心血管疾病、遗传病、传染病、糖尿病、类风湿疾病等起到了重要作用。重组人生长激素、α1b 型干扰素、肿瘤坏死因子受体、霍乱菌疫苗等相继实现产业化。

1982 年，美国 FDA 批准人胰岛素基因工程产品投放市场，用基因工程生产人胰岛素主要有两种途径：一种途径是用发酵的方法生产人胰岛素原，在体外将胰岛素原转变为胰岛素；另一种途径是先分别发酵生产人胰岛素的 A 链和 B 链，纯化后在体外重组产生完整的人胰岛素。胰岛素是治疗糖尿病的特效药。

1985 年美国 FDA 批准第一代重组人生长激素上市。第一代重组人生长激素在大肠杆菌中表达，蛋白质的 N 端比天然的人生长激素多了一个甲硫氨酸残基。在此基础上，第二代基因工程生长激素是以分泌蛋白的形式表达的，信号肽在分泌的过程中被自动切除而产生与天然蛋白完全一致的序列。生长激素具有广泛的生理功能，在临床上主要用于治疗侏儒症等。

1992 年中国预防医学科学院病毒研究所的科学家完成了 α1b 型干扰素的研究，使我国第一个基因工程药物实现产业化。干扰素的主要生理作用表现是：①抗病毒感染，②调控细胞的生长，③调节免疫细胞发挥生理效应。

1988 年瑞士 Cliag 公司率先上市了基因工程红细胞生成素（EPO），随后法国、英国和美国也纷纷上市了基因工程 EPO。在临床上 EPO 广泛用于治疗多种原因引起的贫血。1991 年中国研制出人表皮生长因子（EGF），在临床上 EGF 主要用于治疗各种外伤、溃疡、烧伤。1992 年美国 Chiron 公司生成并上市了基因工程白细胞介素 2（IL-2）细胞，在临床上 IL-2 主要用于治疗肿瘤和某些感染性疾病。

基因治疗：是指以正常的基因替代或修补患者细胞中的缺陷基因，从而达到校正和置换致病基因的一种治疗方法。它是治疗分子疾病最有效的手段之一。基因治疗包括体细胞基因治疗和生殖细胞基因治疗。基因治疗技术包括基因诊断、基因分离、载体构建和基因转移 4 个环节。用于基因治疗的基因包括三大类：正常基因、反义基因、自杀基因。

二、基因工程在疫苗领域的应用

基因工程抗体是用基因工程技术表达的抗体蛋白，包括人源化单克隆抗体和小分子抗体。目前有两种方法制备人源化单克隆抗体：①将人的整套抗体基因克隆到噬菌体载体上，构建抗体基因库，抗体基因与噬菌体编码外壳蛋白基因相连，抗体与外壳蛋白以融合蛋白的形式进行表达，分离带抗体片段的噬菌体颗粒，再通过纯化即可获得不同的特异性抗体。②以人的抗体基因置换小鼠的全套抗体基因，通过抗原物质刺激小鼠，表达出人源特异性抗体。小分子抗体是针对完整抗体的分子质量较大、不易透过血管壁等不足而应用基因工程技术进行抗体基因改造并表达的抗体。小分子抗体包括 Fab 抗体、单链抗体、单域抗体和超变区多肽抗体。

基因工程疫苗包括：①利用基因工程方法制备的细菌疫苗，即利用基因工程方法将致病菌抗原基因转移到目的菌株中，获得了具有免疫原性的细菌疫苗。②基因工程病毒疫苗包括基因工程亚单位疫苗、基因工程载体疫苗、核酸疫苗、基因缺失活疫苗等。基因工程亚单位疫苗是指通过基因工程表达具有抗原活性的病毒蛋白质制成疫苗，关键是选择具有高强度抗原性的基因，这些基因可能编码病毒表面抗原，也可能编码病毒核心蛋白，在构建重组体时一般应用两种以上的抗原基因。载体疫苗是将抗原基因重组到载体微生物中，使其表达出相应的保护性抗原后而制成的疫苗。这种疫苗一般为活疫苗，免疫接种后随载体微生物的繁殖而产生大量的保护性抗原，并不断刺激机体产生免疫反应。核酸疫苗是直接将重组了编码抗原蛋白基因的 DNA 载体注射到免疫对象体内，它表达的抗原蛋白直接诱导机体产生特异性抗体。

三、基因工程在工业、农业生产中的应用

植物作为实验材料的优点是经过基因工程改造的单个植物细胞能够再生成一棵完整的转基因植株。这些植株还可通过有性生殖过程把改变了的性状遗传给下一代。转基因植物的研究主要应用于：①改进植物的品质，改变生长周期或花期等提高其经济价值；②作为某些蛋白质和次生代谢产物的生物反应器，进行大规模生产。主要的转基因植物类型包括：抗病虫害转基因植物，抗逆转基因植物，药用转基因植物，转基因植物食品等。

人类按照自己的意愿有目的、有计划、有根据、有预见地将外源基因导入动物细胞内，通过与染色体基因组进行稳定的整合，将生物性状传递给后代动物，即为转基因动物。目前转基因动物已广泛用于动物品质改良、生物反应器、建立疾病模型、基因治疗和发育调控、器官移植等，某些转基因动物已商品化。

四、基因工程在分析、检测领域中的应用

基因芯片被广泛应用于分析、检测领域。基因芯片，又称为 DNA 芯片、DNA 微阵列，它是指采用原位合成或显微印刷技术，将数以万计的 DNA 探针分子固定于支持物的表面上，产生的二维 DNA 探针阵列。基因芯片与标记的样品进行杂交后，可通过检测杂交的信号来实现对生物样品的快速、高效地检测或

诊断。

制作基因芯片的材料必须满足的要求：①载体表面具有可进行化学反应的活性基团，便于与 DNA 分子进行偶联。②载体为惰性的并有足够的稳定性。③单位载体结合的 DNA 分子能达到最佳容量。④载体具有良好的生物兼容性。

基因芯片技术的基础是分子杂交，当一条核酸分子带有可检测的标记时，能与其形成特异性结合的分子就被检测出来。基因芯片中探针被有序地固定在固相支持物上，当基因芯片与带标记的待检测分子在一定条件下发生反应后，发生特异性结合的探针位置就被确定，根据探针分子的种类就可确定待测样品中是否含有某种特异的分子。目前，基因芯片的应用主要包括：基因测序、基因表达水平的检测、基因诊断、新药筛选、临床用药。其中基因诊断是基因芯片技术中最具有商业化前景的方向。

【试题精选】

一、名词解释

1. 基因工程药物（genetic engineering drug）
2. 转基因植物（transgene plant）
3. 转基因动物（transgene animal）
4. 基因治疗（gene therapy ）
5. 基因芯片（gene chip）

二、简答题

1. 简述激素的定义及基因工程生产激素类药物——人胰岛素的两种主要途径。
2. 通过实例说明小分子基因工程单克隆抗体的制备及优势。
3. 简述鼠源单克隆抗体的缺点及其改进方法。
4. 随着基因治疗研究的不断深入，尤其是伴随着基因治疗临床实验的广泛开展，理想的基因载体应当具备哪些特点？
5. 简述利用转基因植物生产疫苗的优点。
6. 与传统的微生物基因工程产品相比，请简述转基因动物作为反应器的优势，并举例说明。
7. 简述肿瘤相关细胞因子基因治疗的 5 种类型。
8. 简述 HIV 感染基因治疗的 5 种途径。
9. 简述基因芯片的原理及其技术应用的 3 种关键技术。
10. 简述基因芯片技术中分子杂交的原理。
11. 请简要阐述基因治疗过程（以镰刀细胞贫血症的治疗为例）。

【参考答案】

一、名词解释

1. 基因工程药物：略。

2. 转基因植物：略。

3. 转基因动物：略。

4. 基因治疗：略。

5. 基因芯片：略。

二、简答题

1. 答：激素是一类由生物体内分泌腺或特异性细胞产生的微量有机化合物，通过体液或细胞外液运送到特定的作用部位，能引起特殊的生理效应。目前通过基因工程手段生产的人胰岛素主要有两种途径。一种途径是用发酵的方法生产胰岛素原，在体外将胰岛素原转化为胰岛素。另一种途径是先分别发酵生产人胰岛素的A链和B链，纯化后再在体外重组产生完整的人胰岛素。

2. 答：根据构建方法的不同，可将小分子抗体分为Fab抗体、单链抗体、单域抗体和超变区抗体。以Fab抗体为例，Fab抗体是对抗体的Fab段进行改造，将抗体分子的重链V区和C_H1区的cDNA与轻链完整的cDNA连接在一起，重组到表达载体上，在合适的表达系统中表达出具有与特异性抗原结合的Fab抗体，所获得的抗体分子大小只有原来抗体分子的1/3。小分子抗体是针对完整抗体的分子质量较大、不易透过血管壁等不足而改进的。例如，抗体分子中的超变区多肽，对组织细胞具有很强的穿透能力，能到达一般抗体不能到达的地方，因而在临床诊断和治疗中有重要意义。

3. 答：虽然单克隆抗体具有反应特异性高、亲和力强、效价高、血清交叉反应少等特点，但是临床使用的单抗都是鼠源的，在重复用药时会产生抗鼠抗体而导致疗效降低。通过构建人-鼠嵌合抗体或人源化抗体进行改进。目前有两种方法用来制备人源单克隆抗体。一是将人的整套抗体基因克隆到噬菌体载体上，构建抗体基因库，抗体基因与噬菌体编码外壳蛋白基因相连，抗体与外壳蛋白以融合蛋白的形式进行表达，分离带抗体片段的噬菌体颗粒，再通过纯化即可获得不同的特异性抗体。二是以人的抗体基因置换小鼠的全套抗体基因，通过抗原物质刺激小鼠，表达出人源特异性抗体。

4. 答：①滴度高，能感染大量的细胞；②制备方便且重复性好；③能定向进入目的细胞并整合到宿主染色体特异位点；④能以附加体的形式稳定存在；⑤转录单元有可调控的操纵元件；⑥不含有能激发免疫反应的组分。目前应用于基因治疗的载体主要有病毒载体和非病毒载体。

5. 答：①植物细胞培养、植株种植条件简单；②能对真核蛋白质疫苗进行准确的翻译后加工，保持了自然状态下的免疫原性；③对人体安全，消除了动物病毒载体可能对人体造成的潜在伤害；④使用方便，可直接口服免疫，并产生较强的体液和黏膜免疫反应；⑤易于加工和运输，便于推广。

6. 答：传统的基因工程产品是通过微生物发酵而获得的，其主要缺陷是表达蛋白不能正确折叠而丧失生物学活性，并且生产成本昂贵。转基因动物作为生物反应器生产人类蛋白质药物，其质量大大优于通过微生物发酵获得的产品，并且生产成本可以大大降低。例如，哺乳动物乳腺生物反应器具有多种优点：可使药物蛋白基因限于乳腺中高表达，能实现大量生产；表达蛋白质随乳汁及时排出体外，能促进药物蛋白基因的高水平表达；乳腺组织细胞具有蛋白质修饰功能，表达产物具有较高的生物活性；蛋白质提取纯化的工艺简单。

7. 答：根据细胞因子及其受体基因导入体内的途径和原理的不同，可将肿瘤的细胞因子基因治疗分为5种类型：①免疫效应细胞介质的细胞因子基因治疗；②肿瘤细胞靶向的细胞因子基因治疗；③成纤维细胞等载体细胞介质的细胞因子治疗；④以抗原提呈细胞为基础的细胞因子基因治疗；⑤肿瘤细胞靶向的细胞因子受体基因治疗。

8. 答：①利用反义核酸来互补病毒RNA或DNA；②利用RRE和TAR的类似物竞争性地结合病毒调节蛋白Tat和Rev，阻止调节蛋白与病毒mRNA上相应的序列结合，抑制HIV mRNA的合成和运输；③利用细胞内抗体（intrabody）清除HIV外壳蛋白；④将突变的病毒基因导入HIV感染细胞，表达出相应的突变蛋白抑制HIV的复制；⑤利用细胞内趋化因子，针对HIV-1的辅受体，关闭病毒进入细胞的通道，使病毒无法进行复制和繁殖。

9. 答：略。

10. 答：略。

11. 答：(1) 获取正常的血红蛋白基因。用限制性内切核酸酶从人的DNA分子中切取血红蛋白基因。

(2) 形成重组载体。用同一种限制性内切核酸酶在载体DNA上切开一个切口，用DNA连接酶将正常血红蛋白基因连接在载体DNA上，形成重组载体。

(3) 重组载体的转化与筛选。将携带正常血红蛋白基因的重组载体导入患者的造血干细胞中，并将重组载体插入到染色体中。用选择培养基筛选出含重组质粒的造血干细胞。

(4) 将携带正常血红蛋白基因的造血干细胞输入患者骨髓中，此造血干细胞产生含正常血红蛋白的红细胞，以根治镰刀形细胞贫血症。

第八章　基因工程的争论和安全措施

重点提示：转基因技术的安全隐患（掌握），基因工程产品的风险（熟悉），基因工程的伦理与宗教因素（了解），转基因食品的安全评测（了解），基因工程的安全措施（掌握）。

【知识要点】

一、基因工程的安全隐患

任何科学技术进步的背后都可能潜藏着对人类和生态环境的危害，基因工程也不例外。与其他科学技术不同的是，基因工程直接以包括人在内的生物体或生命物质为操作对象，重组DNA技术更是深入到生物体的遗传本质，以目前的科学水平还难以准确预测转基因在受体生物遗传背景中的全部表现型效应，人们对转基因生物出现的新组合、新性状及其潜在危险性的预见能力非常有限。因此，基因工程技术的应用，特别是克隆羊的诞生，人们进一步面临"克隆人"等人类伦理与道德问题，引起了世界各国人民的不安和焦虑，对基因工程技术可能带来的负面影响产生疑问、担心，甚至恐惧。转基因技术的安全隐患主要涉及：①对环境的影响，重新组合一种在自然界尚未发现的生物性状有可能给现有的生态环境带来不良影响。②新型微生物（病毒）的出现，制造带有抗生素抗性基因或有产生病毒能力的基因的新型微生物有可能在人类或其他生物体内传播。③癌症扩散，将肿瘤病毒或其他动物病毒的DNA引入细菌有可能扩大癌症的发生范围。④人造生物扩散，新组成的重组DNA生物体的意外扩散可能会出现不同程度的潜在危险。

二、对基因工程产品的关注与争议

1998年8月，英国研究人员公布的实验结果表明，用含有转基因的马铃薯饲养大鼠，引起了大鼠器官生长异常、体重减轻、免疫系统遭到破坏。虽然不久后，英国皇家学会在专门对此组织的评审中，对这项实验指出6条缺陷，但是实验结果依然引起轰动。随后又陆续报道，基因食品可能带来过敏等不良症状，而且对儿童和婴儿的危险尤其大。国际上许多国家和环保团体都呼吁对基因食品进行标签，进而停止转基因生物的商业性释放。

中国科学院《科学新闻》发表的一篇文章，将转基因食物"可能"对人类健康的危害总结为3点：①转基因作物中的毒素可引起人类急性、慢性中毒或产生致癌、致畸、致突变作用；②作物中的免疫或致敏物质可使人类机体产生变态或过敏反应；③转基因产品中的主要营养成分、微量营养成分及抗营养因子的变化，会降低食品的营养价值，使其营养结构失衡。

到目前阶段，对转基因安全性的一个比较客观的评价是：这是一个无法证实也无法证伪的命题。基因工程还不够成熟，客观上存在着不确定性的问题：第一，基因工程技术尚不够完善，导致转基因生物并非十全十美。例如，孟山都公司的转基因 Bt 毒素玉米在收获之前棉铃脱落、产生畸形棉铃。第二，现代基因工程产品的不确定性以及存在着破坏环境的危险。例如，转基因抗除草剂作物中的抗除草剂基因可能传给其他作物和亲缘较近的杂草，从而产生新的杂草或超级杂草。第三，基因工程产品具有特殊的性质。基因工程产品不同于没有生命力的化学物质，其可以繁殖、突破、迁移，一旦释放出去，就不可能收回。

2000 年 1 月 24 日，在由联合国生物多样性公约秘书处发起的生物安全问题国际会议上，世界上 600 多名转基因技术专家发表联合声明，强调转基因技术对农业、保健和环保事业大有好处，人们目前对转基因技术的顾虑缺乏事实依据。

2001 年 6 月 6 日，中国国务院颁布了《农业转基因生物安全管理条例》（简称《条例》），《条例》对违规实验、生产、应用、进出口转基因食品的机构和人员，规定了严厉的处罚措施。

三、基因工程安全措施

面对众多消费者对转基因的疑惑和反转基因组织的强大压力，各国政府已经做出反应，并采取了一系统严格措施，对农业生物遗传工程体从实验研究到商品化生产进行全程安全性评价和监控管理。早在 1976 年美国国立卫生研究院（NIH）就制定并公布了“重组 DNA 分子实验准则”，规定了安全防护（物理防护和生物防护）标准以及禁止若干类型的实验。此后，有 20 多个国家相继颁布了各自的此类法规或准则。例如，法国在 1997 年就明确要求从美国进口的农产品必须标示 GMO（基因改造生物，genetically modified organism）与非 GMO 的区别，同时确保大豆原料中 GMO 的混杂率的上限为 5%等。

【试题精选】

简答题

1. 基因工程产品的安全争论主要集中在哪些方面？
2. 基因工程安全问题的主要表现是什么？

【参考答案】

简答题

1. 答：一系列实验结果表明，转基因产品存在缺陷，尤其是转基因食品可能对人类健康有潜在的威胁。但迄今为止，转基因作物不安全说在科学上仍然没有得到证实。然而，逻辑的吊诡之处却在于很难证明转基因的绝对安全性。同时也有不少人指出，转基因产品的争论已不仅仅是来自科学的和政治的，而且是经济的。

2. 答：略。

附录一　模拟试题

模拟试题（1）

一、名词解释（每题2分，共20分）

1. 显性质粒　2. 引物酶（primase）　3. 稀切酶　4. 溶菌周期
5. DNA芯片　6. RAPD（random amplified polymorphic DNA）
7. 转染　8. Pribnow框　9. 可变剪接　10. 探针

二、填空题（每空1分，共10分）

1. 利用绿色荧光蛋白可以构建启动子探针型克隆载体，这种蛋白质受________nm近紫外光或________nm蓝色光激发后，能发出波长为________nm的绿色荧光。

2. kan^r基因可催化________和其他氨基糖苷类抗生素氨基己糖上的________发生依赖于ATP的磷酸化，从而导致mRNA错译。

3. Ⅲ类限制修饰酶由________和MS亚基组成，其中MS亚基具有位点识别和甲基化修饰双重活性。该类酶与DNA识别位点的结合严格依赖________。

4. 培养大肠杆菌一般采用________培养基。

5. 鸟枪法是将基因组按照染色体分开后，将其打乱，切成碎片，进行________，测序后再将其拼接起来。

6. 在印迹技术中，________是目前应用最广的一种固相支持物。

三、判断题（对的打√，错的打×。每题1分，共10分）

1. 所有质粒DNA都是环状的。（　）

2. 质粒的不相容性是指不同的质粒一定不能共存于同一细胞之中。（　）

3. 在基因工程中用来修饰改造生物基因的工具是限制酶和水解酶。（　）

4. T4 DNA连接酶是通过形成磷酸二酯键将两段DNA片段连接在一起，其底物的关键基团是5′-OH和3′-P。（　）

5. 线粒体和叶绿体DNA是真核生物特有的染色体外遗传物质。（　）

6. 大肠杆菌中存在两种终止子，一种是依赖ρ（rho）因子的终止子，另一种是不依赖ρ（rho）因子的终止子。依赖ρ（rho）因子的终止子必须在有ρ因子的作用下才能发挥作用，其回文结构不富含G—C区，回文序列后也没有寡聚U序列。（　）

7. 根据DNA在中性或偏碱性的缓冲系统中的带电情况，在电泳迁移过程中，处于凝胶负极端的DNA通过凝胶分子筛向正极端移动。迁移率与DNA分子的构型和大小以及DNA分子中的碱基顺序和组成有关。（　）

8. 制备感受态时所用的菌株可以处于任意的生长时期。（　）

9. mRNA的稳定性直接决定翻译产物的多少，无论原核还是真核生物。（　）

10. 真核生物3个终止密码中UAA的终止效率最高。（　）

四、选择题（单选题，每题 1 分，共 10 分）

1. M13 克隆系统的优点不包括(　　)。

A. 克隆的片段大

B. 直接产生单链 DNA

C. 单链 DNA 和双链 DNA 都可以转染宿主

D. 具有条件致死突变，可防止克隆基因扩散

2. 下列哪项不是质粒载体必须具备的基本特性？(　　)

A. 独立复制　　B. 有选择标记

C. 有独特的酶切位点　　D. 分泌表达

3. pET 系列载体的抗性筛选标记为(　　)。

A. 卡那霉素　　B. 四环素　　C. 氨苄青霉素　　D. G418

4. 分子质量相同、构象不同的 DNA 分子在电泳中的迁移速率从快到慢依次为(　　)。

A. 超螺旋、开环双链、线形　　B. 超螺旋、线形、开环双链、

C. 线形、开环双链、超螺旋　　D. 开环双链、超螺旋、线形

5. 提取植物 DNA 时，下列材料哪种不合适？(　　)

A. 幼嫩的植株　　B. 成熟的植株

C. 黄化幼苗　　D. 经过暗室培养 1～2 天的材料

6. 下面选项哪项不是 DNA 浓缩的方法？(　　)

A. 乙醇沉淀法　　B. 正丁醇抽提法

C. 离子交换层析法　　D. 聚乙二醇浓缩法

7. DNA 被某种酶切割后，电泳得到的电泳带有些扩散，下列哪一项不太可能？(　　)

A. 有外切酶污染　　B. 蛋白质（如 BSA）与 DNA 结合

C. 酶切条件不合适　　D. 酶失活

8. 碱性磷酸单酯酶在 DNA 重组实验中，该酶用于哪种操作，以提高重组效率？(　　)

A. 载体 DNA 的 5′端磷酸化　　B. 载体 DNA 的 3′端磷酸化

C. 载体 DNA 的 5′端除磷　　D. 载体 DNA 的 3′端除磷

9. 卡那霉素的抗菌作用机理为进入靶细胞并与哪个细胞器结合而导致 mRNA 错译？(　　)

A. 高尔基体　　B. 18S 核糖体　　C. 30S 核糖体　　D. 内质网

10. 利用蛋白质的哪些特性进行蛋白质的分离纯化？(　　)

①大小　②酸碱度　③溶解度　④形状

A. ①④　　B. ①②　　C. ②③　　D. ①②③④

五、简答题（每题 4 分，共 24 分）

1. 反转录酶催化以 RNA 为模板合成 DNA 的过程，请简述反转录酶的作用原理。

2. 简要介绍 DNA 拓扑异构酶。

3. 天然 DNA 的来源主要有哪几个方面？

4. 影响电泳中 DNA 迁移效率的因素有哪几种？不同构象的 DNA 分子在电泳中的迁移速率如何？

5. Southern 印迹和 Northern 印迹有什么不同？

6. 列举出影响目的基因表达的因素。

六、问答题（共 26 分）

1. 限制性内切核酸酶是基因工程中最基础最常用的工具酶，随着基因工程技术的发展，已经开发出成百上千种。影响限制性内切核酸酶催化效率的有关因素有哪些？（10 分）

2. 大肠杆菌源质粒 DNA 的提取原理，提取过程及注意事项有哪些？（8 分）

3. 包含体是如何形成的，如何克服包含体的形成？（8 分）

模拟试题（2）

一、名词解释（每题 2 分，共 20 分）

1. 穿梭质粒　　2. SD 序列　　3. 星活性（star activity）

4. 限制性图谱　　5. 基因组（genome）

6. RACE（rapid-amplification of cDNA end）　　7. cDNA 基因文库

8. 包含体蛋白　　9. 毕赤酵母　　10. 转化

二、填空题（每空 1 分，共 10 分）

1. ________霉素杀灭细胞的原理是进入细胞并与其 30S 核糖体亚单位结合而导致 mRNA 错译。

2. MT 基因的启动子序列中含有多个________和________，这些调控单元相互间的协调作用是 MT 高效表达和多因素诱导的基础。

3. 琼脂糖凝胶电泳中的琼脂糖含量取决于待测 DNA 片段的大小。一般而言，检测大片段 DNA 的含量________，检测小片段的 DNA 含量________。

4. DNA 连接酶能催化双链 DNA 片段紧靠在一起的________端与________端之间形成________，使两末端连接。

5. 用显色互补筛选法筛选菌株时，在有 X-gal 和 IPTG 的培养基中得到的未重组转化子是________菌落。

6. 第一个用于生产重组蛋白的酵母为________。

三、判断题（对的打√，错的打×。每题 1 分，共 10 分）

1. pBR322 质粒的四环素抗性来源于 pSC101。（　）

2. pBR322 是第一个作为重组 DNA 载体的质粒。（　）

3. 线粒体和叶绿体 DNA 是真核生物特有的染色体外遗传物质。（　）

4. 在连接反应体系中，连接酶通常应过量 2～5 倍。（　）

5. 限制性内切核酸酶通常保存在 20％浓度的甘油溶液中。（　）

6. 异丙醇和乙醇在沉淀核酸方面的作用效果是不同的，两者都能将 DNA 与 RNA 一起分离出来，只是前者核酸沉淀的速度稍慢。（　）

7. 物理化学法分离基因主要有密度梯度离心法、单链酶法和分子杂交法。（　）

8. 菌落原位杂交可直接把菌落转移到硝酸纤维素膜上，同时进行核酸分离纯化等操作来

检测插入的序列的菌落。(　　)

9. 转录水平的基因沉默是 RNA 水平上的基因调控。(　　)

10. 启动子是基因表达调控中的重要的顺式作用元件。(　　)

四、选择题(单选题，每题 1 分，共 10 分)

1. 下列属于Ⅰ类酶是(　　)。

A. *Eco*K　　B. *Hind*Ⅲ　　C. *Hind*Ⅱ　　D. *Eco*RⅠ

2. Klenow 片段是完整的 DNA 聚合酶Ⅰ的一个片段，它失去了哪种活性？(　　)

A. 3′→5′外切酶　　B. 5′→3′聚合酶

C. 5′→3′外切酶　　D. 3′→5′聚合酶

3. 一般的 PCR 循环中，变性温度采用哪个最合适？(　　)

A. 85℃　　B. 88℃　　C. 94℃　　D. 98℃

4. DNA 浓度达不到实验要求时，必须进行浓缩，实验室中常用的方法有：(　　)。

A. 乙醇沉淀法、正丁醇抽提法、聚乙二醇浓缩法

B. 乙醇沉淀法、异丙醇抽提法、聚乙二醇浓缩法

C. 乙醇沉淀法、正丁醇抽提法、丙三醇浓缩法

D. 乙酸铵沉淀法、正丁醇抽提法、聚乙二醇浓缩法

5. 直接针对目的 DNA 分子进行筛选的方法是：(　　)。

A. 分子杂交　　B. 抗性筛选

C. 260nm 吸光度测定　　D. 琼脂糖电泳

6. 抗药性筛选重组体的原理是：(　　)。

A. 根据 DNA 与 mRNA 的杂交　　B. 根据 DNA 与 DNA 的杂交

C. 根据载体报告基因的表达　　D. 根据载体抗性基因的表达

7. 不是酵母 2μm 质粒特征的是(　　)。

A. 是一种环状 DNA 分子　　B. 能在大肠杆菌中穿梭

C. 含有两个 599bp 的反向重复序列　　D. 含有复制起始位点 *ori*

8. pBR322 质粒的氨苄青霉素抗性来源于(　　)。

A. ColE1　　B. pSC101　　C. pUC18　　D. pSF124

9. 下列不是外源蛋白在大肠杆菌中的表达部位的是(　　)。

A. 细胞质中　　B. 细胞周质中　　C. 胞外表达　　D. 细胞核中

10. 利用绿色荧光蛋白可以构建启动子探针型克隆载体，这种蛋白受 396nm 近紫外光或 470nm 蓝色光激发后，能发出最大波长为多少纳米的绿色荧光？(　　)

A. 508nm　　B. 510nm　　C. 515nm　　D. 520nm

五、简答题(每题 4 分，共 24 分)

1. 简述 Western blot 的原理。

2. 实验中转化一质粒，已知用于制备感受体细胞的菌液每毫升有 4×10^7 个菌体，转化时所用转化菌液 0.5mL，由此菌液制备成感受态细胞，通过转化处理，得到 200 个转化子，问此次转化的转化率为多少？

3. 什么是终止子、终止因子、终止密码子?

4. 限制性内切核酸酶的催化效率与哪几个因素有关?

5. 简述引物酶及其与传统 RNA 聚合酶差异。

6. 简述 TA 克隆的原理和作用。

六、问答题（共 26 分）

1. 结合实验经验谈谈一个较好的表达的载体应具备哪些条件?（10 分）

2. 请问 mRNA 丰度与 cDNA 文库大小的关系? 减小 cDNA 文库所含克隆子数的措施是什么?（8 分）

3. 试述在酶切过程中什么是保护碱基? 原理是什么?（8 分）

模拟试题（3）

一、名词解释（每题 2 分，共 20 分）

1. 反义表达克隆载体　　2. 位点偏爱

3. 末端转移酶（terminal transferase；TdT）　　4. 溶原周期

5. 同裂酶　　6. 基因组文库　　7. 受体细胞

8. 转化率　　9. 沉默突变（silent mutation）　　10. 报告基因

二、填空题（每空 1 分，共 10 分）

1. 基因沉默的 3 种主要机制分别是：________的基因沉默，________的基因沉默和________的基因沉默。

2. ddNTP 与 dNTP 的分子结构式区别：________。

3. 基因组一种生物的细胞中所带有的全部遗传信息。通常以________所包含的所有基因算作一个基因组，它含有该种生物的一整套完整的________。

4. DNA 分子在凝胶电泳检测中带________电，在电泳过程中由________向________移动。

5. 每个大肠杆菌 DNA 聚合酶Ⅰ分子中含有一个 Zn^{2+}，在 DNA 聚合反应起着很重要的作用。经过枯草杆菌蛋白酶处理后，酶分子分裂成两个片段，大片段分子质量为 76kDa，通常称为________，小片段的分子质量为 34kDa。

三、判断题（对的打√，错的打×。每题 1 分，共 10 分）

1. M13 噬菌体含有一个双链环状的 DNA 分子。（　　）

2. YEP24 是一种只能在酵母菌中复制的克隆载体。（　　）

3. 甲基化酶是只作用于宿主 DNA，使其碱基甲基化的酶。（　　）

4. 回文序列是高度重复序列。（　　）

5. 提取大肠杆菌源质粒 DNA，应把菌液培养至平台期。（　　）

6. 真核生物的基因为不连续基因，能够转录并翻译为多肽链的被称为外显子，能够转录但在 pre-mRNA 加工时被剪切掉的称为内含子。其中外显子多于内含子。（　　）

7. 如果已知基因的部分序列，通过反向 PCR、盒式 PCR、RACE 等 PCR 技术可以获得

基因的全长序列。(　　)

8. Ca^{2+}诱导大肠杆菌转化法主要是通过$CaCO_3$处理大肠杆菌，能够促进其对外源基因的吸收。(　　)

9. 如果外源基因具有相同或类似于天然蛋白的构象，就不会被降解。(　　)

10. 色氨酸是作为诱导物作用于 trp 操纵子的。(　　)

四、选择题（单选题，每题 1 分，共 10 分）

1. 下列哪种克隆载体对外源 DNA 的容载量最大？(　　)

A. 质粒　　B. 黏粒

C. 酵母人工染色体（YAC）　　D. λ 噬菌体

2. 下列选项中哪种不是 ColE1 质粒复制起始所需要的酶？(　　)

A. RNase A　　B. RNase H　　C. DNA 聚合酶Ⅰ　　D. RNA 聚合酶Ⅰ

3. 耐热 DNA 聚合酶分为 3 种，以下哪种不是？(　　)

A. 普通耐热 DNA 聚合酶

B. 低等耐热 DNA 聚合酶

C. 高保真 DNA 聚合酶

D. DNA 序列测定中应用的耐热 DNA 聚合酶

4. 各种耐热 DNA 聚合酶均具有什么活性？(　　)

A. 3′→5′外切酶　　B. 3′→5′聚合酶

C. 5′→3′外切酶　　D. 5′→3′聚合酶

5. 寡核苷酸片段的化学合成的方法不包括下列哪个选项？(　　)

A. 液相亚磷酸三酯法　　B. 固相亚磷酸三酯法

C. 磷酸二酯法　　D. 磷酸三酯法

6. 酵母双杂交系统中常用的报告基因有(　　)。

A. *LacZ*、*His3*　　B. *Trp* 缺陷型基因、*Leu* 缺陷型基因

C. *LacZ*、*Trp* 缺陷型基因　　D. *Leu* 缺陷型基因、*LacZ*

7. 用显色互补筛选法筛选菌株时常用的显色剂是(　　)。

A. IPTG　　B. 半乳糖苷酶　　C. X-gal　　D. 乙酰基转移酶

8. 免疫印迹法筛选重组体的原理是(　　)。

A. 根据载体抗性基因的表达　　B. 根据载体报告基因的表达

C. 根据 DNA 与 DNA 的杂交　　D. 根据外源基因的表达

9. 枯草芽孢杆菌是一类革兰氏阳性细菌，作为基因工程受体的最大优势，以下错误的选项是(　　)。

A. 枯草杆菌具有胞外酶分泌-调节基因，能将基因表达产物高效分泌到培养基中，简化蛋白表达产物的提取和加工处理

B. 枯草杆菌不产生内毒素，无致病性，是一种安全的基因工程菌

C. 枯草杆菌具有芽孢形成能力，易于保存和培养

D. 可利用 IPTG 等药物调节其分泌表达，易于控制

10. Ⅱ类限制性内切核酸酶对双链 DNA 的识别与切割活性仅需要(　　)。

A. K^+　　B. Cu^{2+}　　C. Na^+　　D. Mg^{2+}

五、简答题（每题 4 分，共 24 分）

1. 简述 DNA 聚合酶的共性。

2. 如何将 DNA 上的一种限制性内切核酸酶识别序列转化成另一种酶的识别序列?

3. 培养基中常用的几种抗生素是什么，其浓度一般都是多少?

4. 什么叫不连续基因? 真核生物的非编码序列有何生物功能?

5. 通过 DNA 双脱氧链终止法测定 DNA 序列，跑凝胶电泳后得到下图，根据此图说出核酸的顺序。

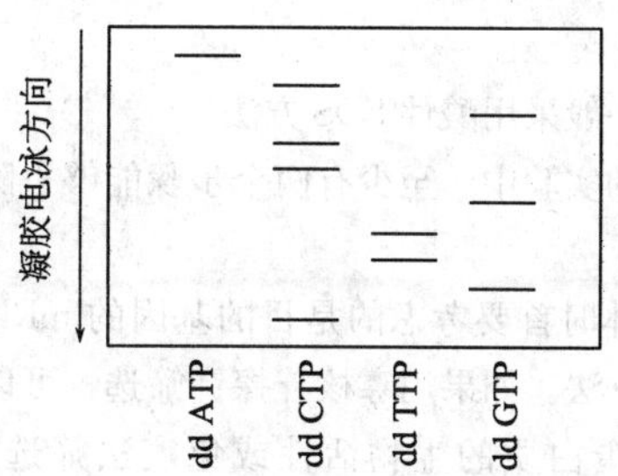

6. 什么是分子伴侣，分子伴侣在大肠杆菌表达外源基因方面有什么作用?

六、问答题（共 26 分）

1. 简述 SDS 碱裂解法制备质粒 DNA 的原理，以及 SDS 碱法小量制备质粒 DNA 方法中溶液 1、2、3 的主要成分及作用?（10 分）

2. 介绍 DNA 连接酶的性质、类型、作用机制及反应过程?（8 分）

3. 什么是 DNA 化学降解测序法? 什么是 DNA 双脱氧链终止测序法? 两者有何区别?（8 分）

模拟试题（4）

一、名词解释（每题 2 分，共 20 分）

1. 顺式作用元件（*cis*-acting element）　　2. 酵母人工染色体（YAC）

3. Northern 印迹杂交　　4. 核酸分子杂交原理

5. EST（expressed sequence tag）

6. RFLP（restriction fragment length polymorphism）

7. 同尾酶　　8. 限制性内切核酸酶

9. 碱性磷酸酶（ALP 或 AKP）　　10. 组织特异性表达克隆载体

二、填空题（每空 1 分，共 10 分）

1. 在受体细胞内的 M13 DNA 主要以________的形式存在，释放到细胞外的噬菌体颗粒中则以________的形式存在。

2. 按遗传物质的不同，病毒可以分为________和________两大类。

3. 适用于蓝藻的强克隆表达载体有________。

4. 反应系统中限制性内切核酸酶的用量主要取决于________和________。

5. 亚克隆又叫次级克隆，是将克隆片段________后再次进行的克隆。

6. 在用抗药性筛选菌株时如果用的 Tc、Cm、Ap 等抗生素作为选择药物，观察和确定转化子菌落的培养时间不宜________，以 12～16h 为宜，否则会出现________菌落。

三、判断题（对的打√，错的打×。每题 1 分，共 10 分）

1. 在 λ 噬菌体中，其 DNA 是一个单链环状的 DNA 分子。(　　)

2. 如果外界条件导致的突变发生在 M13 DNA 基因间隔区，可能导致 M13 DNA 不能复制。(　　)

3. 多数Ⅱ类酶的识别序列为 4～6 个碱基对，而且具有 180°旋转对称的回文结构。(　　)

4. T4 DNA 连接酶是从 T4 噬菌体感染的 *E. coli* 中分离的，这种连接酶催化黏末端连接，不能催化平末端连接。(　　)

5. 质粒提取时，实验室一般采用酸性 SDS 方法。(　　)

6. 在碱裂解法制备质粒的实验中，至少有两个步骤能够去除蛋白质，加入溶液Ⅱ酚仿抽提。(　　)

7. 选择 cDNA 文库的载体时首要考虑的是目的基因的 mRNA 在细胞内的丰度，其次要考虑的是 cDNA 文库的筛选方法。如果用寡核苷探针筛选，可以构建表达型 cDNA 文库和非表达型 cDNA 文库；如果用蛋白质的生物活性或免疫法筛选，则需构建表达型 cDNA 文库。(　　)

8. 非放射性标记的探针与放射性标记的探针相比，敏感性及特异性较好，还无放射性污染。(　　)

9. 大肠杆菌大细胞系统是指在营养丰富的条件下培养得到比正常大肠杆菌还要大一些的细胞系统。(　　)

10. 通过 Western 杂交可以检测到外源基因是否转录出 mRNA。(　　)

四、选择题（单选题，每题 1 分，共 10 分）

1. 反义核酸技术是目前人工干预基因表达的一项重要技术，它的主要原理为(　　)。

A. 通过将多种化学抑制剂偶联到与靶基因互补的 DNA 序列中，抑制靶基因的表达

B. 直接应用化学抑制剂抑制靶基因的表达

C. 通过互补的反义 DNA 或 RNA 片段特异性地与靶基因结合，抑制靶基因的表达

D. 通过阻遏物与特异的靶基因结合并抑制靶基因的转录从而抑制表达

2. 哪种启动子调控的基因在较高温度诱导的条件下，会促进表达产物形成包含体？(　　)

A. PR 启动子　　B. T7 启动子　　C. U6 启动子　　D. CAV 启动子

3. 一部分酶识别的序列相同，但酶切位点不同，这些酶称为(　　)。

A. 同位酶　　B. 同尾酶　　C. 同裂酶　　D. 同工酶

4. 下列哪个不是 Klenow 酶在分子克隆中的用途？(　　)

A. 修复由限制性内切核酸酶造成的 5′凹端，使之成为平头末端

B. 以含有放射性同位素的脱氧核苷酸为底物，对 DNA 片段进行标记

C. 用于催化 cDNA 第二链的合成

D. 用于双脱氧末端终止法测定 DNA 的序列

5. 限制性内切核酸酶是由细菌产生的，其生理意义是(　　)。

A. 修复自身的遗传缺陷　　B. 促进自身的基因重组

C. 强化自身的核酸代谢　　D. 提高自身的防御能力

6. 下列哪个组合的基因中均含有内含子？(　　)

A. 质粒基因、原核生物基因、线粒体基因　B. 线粒体基因、质粒基因、病毒基因

C. 病毒基因、真核生物基因、质粒基因　D. 线粒体基因、叶绿体基因、病毒基因

7. Southern 印迹是用 DNA 探针检测 DNA 片段，而 Northern 印迹则是(　　)。

A. 用 DNA 探针检测 RNA 片段　　B. 用 RNA 探针检测 DNA 片段

C. 用 RNA 探针检测蛋白质片段　　D. 用 DNA 探针检测蛋白质片段

8. 放射性标记物是指放射性同位素对核苷酸等进行标记后的产物，以下哪一项不是常见的放射性同位素？(　　)

A. ^{32}P　　B. ^{18}O　　C. ^{35}S　　D. ^{3}H

9. 下列对基因表达效率影响最小的是(　　)。

A. 分子伴侣　　B. 启动子的结构

C. mRNA 分子的二级结构　　D. 密码子的偏爱性

10. 什么是构建串联启动子表达载体的首要目的？(　　)

A. 表达目的蛋白　　B. 增加目的基因的可溶性表达

C. 研究目的基因的折叠　　D. 增加目的基因表达量

五、简答题（每题 4 分，共 24 分）

1. 简述 T4 噬菌体 Polymerase 主要的催化反应及分子特点。
2. 什么是盒式 PCR？
3. 实验室常用的 DNA 纯化方法有什么？
4. 简述限制性内切核酸酶的作用机制。
5. 克隆和探针有什么不同？
6. 外源基因转移到受体细胞后的结果是怎样的？

六、问答题（共 26 分）

1. 试述 SAGE 的原理和实验路线。(10 分)
2. 请举例说明甲基化对限制酶切的影响。(8 分)
3. 黏粒载体具有哪些特点与不足？(8 分)

模拟试题（5）

一、名词解释（每题 2 分，共 20 分）

1. 分泌性表达克隆载体　　2. 解旋酶（helicase）

3. DNA 拓扑异构酶（DNA topoisomerase）　　4. 黏性末端

5. 限制性内切核酸酶的星活性　　6. CpG 岛（CpG island）

7. 转座子标签法（transposon tagging）　　8. 菌落原位杂交

9. 分泌性外源蛋白　　10. λ 噬菌体体外包装

二、填空题（每空 1 分，共 10 分）

1. 质粒的状态不同，在琼脂糖凝胶电泳中的迁移率也不同，其中共价闭合环状 DNA 最快，________居中，________最慢。

2. CaMV 由外壳蛋白、核心蛋白等多种多肽和一个________组成。

3. 在提取各种生物材料 DNA 的过程中，为了去除 RNA，常采用________水解 RNA。

4. 大肠杆菌 Lac 表达系统由________，________和________构成。

5. PCR 扩增特异性 DNA 片段的主要材料有____________，DNA 模板，____________，____________和 PCR 缓冲液。

三、判断题（对的打√，错的打×。每题 1 分，共 10 分）

1. 对大片段 DNA 进行测序，缺点是随机克隆易造成序列重复测定，也易丢失某些序列；测序及测序后的数据处理和分析工作量大，并需要计算机帮助进行排序才能得到完整的序列。（　　）

2. 磷酸二酯法合成 DNA 的基本原理是，将两个分别在 3′端、5′端带有适当保护的脱氧核糖二核苷酸连接起来，形成一个通过磷酸二酯键相连的脱氧核糖三核苷酸。（　　）

3. 目前化学合成寡核苷酸大多数是在合成仪上自动进行的。DNA 自动合成仪采用的是固相磷酸二酯法和亚磷酸三酯法。由于亚磷酸三酯法具有速度快、效率高、副反应少的优点，已经在自动合成仪中被广泛采用。（　　）

4. 在噬菌体颗粒内，λDNA 以环形双链的形式存在。（　　）

5. 绝大多数的Ⅱ类酶均在其识别位点内切割 DNA，切割位点可发生在识别序列的任何两个碱基之间。（　　）

6. 真核生物中分离出具有不同结构的反转录酶，这种酶需要镁离子或钠离子作为辅助因子。（　　）

7. 实验研究中制备的 M13 DNA 只能以双链 DNA（RF-DNA）的形式才能转染大肠杆菌。（　　）

8. 能够介导反转录的病毒都是 RNA 病毒。（　　）

9. 大肠杆菌细胞内存在着两种 DNA 甲基化酶，即 DNA 腺嘌呤甲基化酶 Dam 和 DNA 胞嘧啶甲基化酶 Dcm，其中前者有限制性内切核酸酶活性，后者没有。（　　）

10. 末端脱氧核苷酰转移酶来源于小牛胸腺，它是一种不需要模板的 DNA 聚合酶，其合适的底物形式为带有 5′游离羟基的双链 DNA 分子。（　　）

四、选择题（单选题，每题 1 分，共 10 分）

1. 下列构成人工载体的元件中，属于增强子的有（　　）。

A. PR　　B. T7　　C. U6　　D. TMV

2. 下列哪项不是 S1 核酸酶特征？（　　）

A. 降解单链 DNA 和 RNA，包括不能形成双链的区域（如发夹结构中的环状部分），但降解 DNA 的速率大于降解 RNA 的速率

B. 降解反应的方式为内切和外切

C. 酶量过大时会伴有双链核酸的降解，在 DNA 重组及分子生物学研究中，S1 核酸酶常

用来切平突出的单链末端以及制作 S1 图谱

D. 从 5′端开始切除核苷酸残基

3. 以下哪个温度是多数限制性内切核酸酶的最适反应温度？（　　）

A. 28℃　　B. 30℃　　C. 37℃　　D. 39℃

4. 外源 DNA 转化或转导时选择受体细胞应从多方面考虑，以下哪一项不是通常考虑的因素？（　　）

A. 限制与装饰系统　　B. 易于转化或转导

C. 受体细胞生长迅速　　D. 感染寄生缺陷型

5. 关于菌落杂交法筛选重组体，下列叙述正确的是（　　）。

A. 需要探针与外源基因有同源性　　B. 需要外源基因的表达

C. 不需要探针与外源基因有同源性　　D. 需要 IPTG 诱导

6. DNA 的双脱氧链终止测序法是一种简单快速的 DNA 序列分析法，读取的是（　　）。

A. 待测 DNA 模板的互补链　　B. 待测 DNA 的碱基序列

C. 待测 RNA 的碱基序列　　D. 待测 RNA 的互补序列

7. Broome 和 Gilbert 设计了一种免疫学筛选重组子的方法，现在已发展成为常规的放射性抗体测定法之一，其基本依据有 3 条，以下哪一选项不属于这 3 条？（　　）

A. 一种免疫血清中含有多种类型的免疫球蛋白 IgG 分子，这些分子分别与同一抗原分子上不同的抗原决定基特异性结合

B. 抗体分子或其某部分可牢固地吸附在固体支持物（如聚乙烯塑料制品）的表面上，因此不会被洗脱掉

C. 通过体外碘化作用，IgG 抗体会迅速地被放射性^{125}I 标记上

D. 一种免疫血清中只含有一种类型的免疫球蛋白 IgG 分子，这些分子与同一抗原分子特异性结合

8. T4 DNA 连接酶缓冲液中一般不含有的成分是（　　）。

A. 氯化镁　　B. DTE　　C. ATP　　D. Tris-Gly

9. 下列哪个特点不是人腺病毒具有的？（　　）

A. 易感染性　　B. 毒性高

C. 可容纳大的外源 DNA　　D. 宿主范围广

10. 人工染色体克隆载体相对其他克隆载体最突出的优点是（　　）。

A. 安全性较好，无毒害性　　B. 应用范围广

C. 使用方便　　D. 可容纳更大的外源 DNA

五、简答题（每题 4 分，共 24 分）

1. 简述温和性病毒和烈性病毒的区别。

2. 限制性内切核酸酶的反应缓冲液中主要包括什么成分？

3. 什么是目的标签法和非目的标签法？

4. 电子显微镜作图检测法中有一种是 R 环检测法，简述 R 环检测法的原理。

5. 什么是 RFLP？

6. 什么是鸟枪法？鸟枪法获得目的基因的优点和缺点？

六、问答题（共 26 分）

1. 试述 PCR 的定义，原理及过程？（10 分）

2. 详细叙述大肠杆菌 3 种 DNA 聚合酶及真核生物 DNA 聚合酶的特性？（8 分）

3. 说明影响外源基因片段在原核细胞中表达的因素？（8 分）

附录二 参考答案

模拟试题（1）

一、名词解释

1. 显性质粒：能够使宿主细胞呈现新的性状的质粒称为显性质粒。

2. 引物酶：大肠杆菌的引物酶也是DNA复制所必需的一种酶，该酶由一条多肽链组成，催化引物RNA分子的合成。

3. 稀切酶：由于长的识别序列和富含GC或AT的识别序列在DNA分子中出现的概率很低，因此把能识别这些序列的限制性内切核酸酶称为稀切酶。

4. 溶菌周期：噬菌体吸附到寄主细胞表面之后，注入DNA，噬菌体的DNA进行复制及蛋白质的合成，并组装成噬菌体颗粒，最后使寄主细胞裂解，释放出子代噬菌体颗粒的过程。

5. DNA芯片：是指在固相支持物上原位合成寡核苷酸或者直接将大量的DNA探针以显微打印的方式有序地固化于支持物表面，然后与标记的样品杂交。通过对杂交信号的检测分析，即可获得样品的遗传信息。由于常用计算机硅芯片作为固相支持物，所以称为DNA芯片。

6. RAPD：即随机扩增多态性DNA标记，其基本原理与PCR技术一致。RAPD技术是建立在PCR基础之上的一种可对整个未知序列的基因组进行多态性分析的分子技术。其以基因组DNA为模板，以单个人工合成的随机多态核苷酸序列（通常为10个碱基）为引物，在热稳定的DNA聚合酶（如*Taq*酶）作用下，扩增特定DNA分子，获得的一系列不同长度的DNA片段。

7. 转染：是指病毒或以病毒为载体构建的重组子导入真核细胞的过程。

8. Pribnow框：是原核生物中转录的解旋功能部位，一般较保守。是在起始密码子上游有一个由5～6个核苷酸组成的共有序列。

9. 可变剪接：大多数真核基因转录产生的mRNA前体是按一种方式剪接产生出一种mRNA，因而只产生一种蛋白质。但有些基因产生的mRNA前体可按不同的方式剪接，产生出两种或更多种mRNA，即可变剪接。

10. 探针：是指具有一定序列的核苷酸片段，它能与互补的核酸序列复性杂交，并且通过适当的标记进行检测。

二、填空题

1. 396；470；510
2. 卡那霉素；3′羟基
3. R亚基；ATP
4. LB
5. 随机测序
6. 硝酸纤维素膜

三、判断题

1. × 2. × 3. × 4. × 5. √
6. √ 7. × 8. × 9. √ 10. √

四、选择题

1. D 2. D 3. A 4. B 5. B
6. C 7. D 8. C 9. C 10. D

五、简答题

1. 答：反转录酶的作用是以dNTP为底物，以RNA为模板，tRNA（主要是色氨酸tRNA）为引物，在tRNA 3′-OH端上，按 5′→3′方向，合成一条与 RNA 模板互补的 DNA 单链，这条 DNA 单链称为互补 DNA（complementary DNA，cDNA），它与 RNA 模板形成 RNA-DNA 杂交体。随后又在反转录酶的作用下，水解掉 RNA 链，再以 cDNA 为模板合成第二条 DNA 链。至此，完成由 RNA 指导的 DNA 合成过程。

2. 答：DNA 在细胞内往往以超螺旋状态存在，DNA 拓扑酶催化同一 DNA 分子不同超螺旋状态之间的转变。DNA 拓扑异构酶有两类，大肠杆菌的 ε 蛋白（分子质量 110kDa）就是一种典型的拓扑异构酶Ⅰ。它的作用是暂时切断一条 DNA 链，形成酶-DNA 共价中间物而使超螺旋 DNA 松弛化，然后再将切断的单链 DNA 连接起来，而不需要任何辅助因子。大肠杆菌中的 DNA 旋转酶（DNA gyrase）则是典型的拓扑异构酶Ⅱ，它能将负超螺旋引入 DNA 分子，能够暂时切断和重新连接双链 DNA，同时需要 ATP 水解为 ADP 以供能。

原核细胞拓扑构酶Ⅰ的作用机制：① 酶与 DNA 结合使双链解旋；② 使一条链切开，但酶与切口两端的结合阻止了螺旋的旋转；③ 酶使另一条链经过缺口，然后再将两断端连接起来；④ 酶从 DNA 上脱落，两条链复原，得到的 DNA 比原来少一个负性超螺旋。

3. 答：①染色体 DNA；②病毒和噬菌体 DNA；③质粒 DNA；④线粒体和叶绿体 DNA。

4. 答：影响 DNA 迁移速率因素有很多，包括 DNA 的分子大小；琼脂糖浓度；DNA 分子的构象；电源电压；嵌入染料的存在；离子强度影响等。

DNA 分子处于不同构象时，它在电场中移动距离不仅与分子质量有关，还与它本身构象有关。相同分子质量的线形、开环和超螺旋 DNA 在琼脂糖凝胶中移动速度是不一样的，超螺旋 DNA 移动最快，而开环双链 DNA 移动最慢。

5. 答：Southern 印迹的原理和 Northern 印迹相比有 3 点不同。①针对的对象不同，Southern 印迹杂交是针对 DNA 分子进行的杂交技术，Northern 印迹杂交是针对 RNA 分子的检测。②Southern 印迹在电泳前需要进行 DNA 酶切，Northern 印迹需要变性不用酶切。③变性的方法不同，Northern 印迹不能用碱变性，因为碱变性会导致 RNA 的降解。

6. 答：①外源基因是否插入了正确的阅读框。②目的基因的有效转录。③mRNA 的有效翻译。④转录翻译后适当的修饰和加工。

六、问答题

1. 答：限制性内切核酸酶的底物是双链 DNA 分子或片段，作用位点在特异识别序列上，但是限制性内切核酸酶的催化效率与 DNA 样品纯度、DNA 分子构型、识别序列两侧序列长短以及识别序列碱基甲基化等密切相关。

（1）DNA 纯度。在 DNA 样品中若含有蛋白质，或者没有去除制备过程中所用的乙醇、EDTA、SDS、酚、氯仿和某些高浓度金属离子，均会降低限制性内切核酸酶的催化活性，甚至使限制性内切核酸酶不起作用。因此，用于酶切的 DNA 样品应尽可能进行有针对性的纯化。如果受到条件限制，必须在 DNA 纯度不高的情况下进行切割，就需要增加酶的用量，扩大反应系统体积，延长反应时间和添加聚阳离子亚精胺。

（2）DNA 分子构型。限制性内切核酸酶切割线形 DNA 分子的效率明显高于切割超螺旋质粒 DNA 和环状病毒 DNA 的效率。

（3）识别序列的两侧序列。大多数限制性内切核酸酶对只含识别序列的寡核苷酸是不具催化活性的，只有在识别序列两侧各延长一个或几个核苷酸后，才能被酶有效切割。同样的原因，在设计合成 PCR 引物时，若在 PCR 产物末端需要有某种限制性内切核酸酶的识别序列，则处于末端的识别序列的一侧应该有一个或几个“保护”的核苷酸。

(4) 位点偏爱。不仅识别序列两侧的序列长短与限制性内切核酸酶的切割效率有关，而且发现其核苷酸组成与切割效率也有关系。同样的识别序列，因为两侧的核苷酸不同，切割效率也会不同，这种与识别序列两侧的核苷酸组成有关的现象，称为位点偏爱。

(5) DNA 甲基化。用生物体制备的 DNA 样品，有些核苷酸的碱基往往被甲基化酶甲基化。一旦在识别序列中的核苷酸被甲基化，就会影响限制性内切核酸酶的切割效率。

2. 答：(1) 菌体的准备。培养一般采用含有相应抗性的 LB 培养基，培养至对数生长期后期。用离心沉淀法收集菌体。

(2) 细胞裂解。实验室经常采用碱性 SDS 方法。菌体用溶液Ⅰ (50mmol/L 葡萄糖，25mmol/L Tris-HCl，10mmol/L EDTA) 溶解，剧烈振荡。冰浴 5min 后，加入溶液Ⅱ (0.2mol/L NaOH，1%SDS)，快速颠倒离心管几次。此时混合液 pH 应该是 12.6，使细胞壁破裂，DNA 变性。

(3) DNA 的分离抽提。将离心管置于冰浴 5min 后，加入溶液Ⅲ (3mol/L NaAc，pH4.8)，混合 10s，均匀后，静置 10min。之后低温离心，吸取上清液，加入等体积的 Tris 饱和酚/氯仿 (1∶1)，振荡混匀，离心后吸取水相上层转移到另一离心管中。加入 2 倍体积的无水乙醇，轻轻振荡混匀，放置 2min，沉淀 DNA。高速离心 5min，弃去上清液，加入 70% 乙醇洗涤沉淀，高速离心 5min，弃去上清液，使沉淀干燥。最后把干燥的沉淀溶于 TE 溶液或无菌水。

3. 答：①在重组蛋白的表达过程中缺乏某些蛋白质折叠的辅助因子，而无法形成正确的次级键。②外源基因合成速度太快，没有足够的时间进行折叠、二硫键不能正确地配对、过多的蛋白质间的非特异性结合、蛋白质无法达到足够的溶解度等。③重组蛋白质的一级结构也与包含体形成有关，一般说含硫氨基酸越多越易形成包含体，而脯氨酸的含量明显与包含体的形成呈正相关。④重组蛋白所处的环境不适，发酵温度高或胞内 pH 接近蛋白质的等电点时易形成包含体。

防止包含体形成常用的方法。①降低重组菌的生长温度，是减少包含体形成的最常用的方法。低生长温度降低了无活性聚集体形成的速率和疏水相互作用；细菌生长缓慢溶氧水平低，也可减少包含体的形成。②在培养重组菌中供给丰富的培养基，创造最佳培养条件，如供氧充足、合适 pH 等，以减少包含体的形成。③ 添加可促进重组蛋白质可溶性表达的低分子质量的蛋白伴侣，增加细胞的渗透压。④ 在低的诱导剂条件下培养重组菌，减少重组蛋白表达量，也可减少包含体的形成。⑤ 利用硫氧还蛋白融合表达或与目标蛋白共表达，得到可溶性目的蛋白。筛选合适的宿主菌，使表达的重组蛋白可溶。

模拟试题（2）

一、名词解释

1. 穿梭质粒：是指一类人工构建的具有两种不同复制起点和选择标记，因而可以在两种不同类群宿主中存活和复制的质粒载体。

2. SD 序列：在原核生物结构基因的起录点下游不远处，总有一个 5′-AGGAGG-3′的序列，转录出 mRNA 上的 5′-AGGAGG-3′序列，与核糖体 30S 亚基 16S rRNA 3′端的 5′-CCUCCU-3′互补，称为 30S 亚基识别和结合 mRNA 的位点，此序列即为 SD 序列。

3. 星活性：某些限制性内切核酸酶在特定条件下，可以在不是原来的识别序列处切割 DNA，这种现象称为星活性。

4. 限制性图谱：DNA 分子上所有的限制性内切核酸酶识别序列已全部知道，可以绘制出 DNA 分子上每种限制性内切核酸酶的识别序列分布图，称为限制性图谱。

5. 基因组：一种生物的细胞中所带有的

全部遗传信息。通常以核内单倍数染色体所包含的所有基因算作一个基因组，它含有该种生物的一整套完整的基因信息。

6. RACE：RACE是一种通过PCR进行cDNA末端快速克隆的技术，是以mRNA为模板反转录的cDNA第一条链后用PCR技术扩增出某个特异位点到3′端、5′端之间的未知序列的方法，分别称为3′-RACE或5′-RACE。

7. cDNA基因文库：某种生物基因组转录的部分或全部mRNA经反转录产生的各种cDNA片段分别与克隆载体重组，储存在一种受体菌群体中，这样的群体称为cDNA基因文库。

8. 包含体蛋白：在一定条件下，外源基因的表达产物在大肠杆菌中积累并致密地聚集在一起形成无膜的裸露结构，一般来说没有生物活性。

9. 毕赤酵母：是甲醇营养型酵母中的一类能够利用甲醇作为唯一碳源和能源的酵母菌。与其他酵母一样，在无性生长期主要以单倍体形式存在，当环境营养限制时，常诱导两个生理类型不同的接合型单倍体细胞交配，融合成双倍体。

10. 转化：重组质粒DNA分子通过与膜蛋白结合进入受体细胞，并在受体细胞内维持稳定和表达的过程称之为转化。

二、填空题

1. 卡那
2. 金属调控部件；激素控制部件
3. 小；大
4. 3′-羟基；5′-磷酸基团；磷酸二酯键
5. 蓝色
6. 酿酒酵母

三、判断题

1. √ 2. × 3. √ 4. √ 5. ×
6. × 7. √ 8. × 9. × 10. √

四、选择题

1. A 2. C 3. C 4. A 5. A
6. D 7. B 8. D 9. D 10. B

五、简答题

1. 答：经过PAGE分离的蛋白质样品，转移到固相载体（如硝酸纤维素膜、NC膜）上，固相载体以非共价键形式吸附蛋白质，保持电泳分离的多肽类型及其生物学活性不变。以固相载体上的蛋白质或多肽作为抗原，与对应的抗体发生免疫反应，再与酶或同位素标记的第二抗体发生反应，经过底物显色或放射自显影以检测电泳分离的特异性目的基因表达的蛋白质成分。

2. 答：0.5mL菌液中含有菌体 $4\times10^7\times0.5=2\times10^7$ 个

转化率=转化子/菌体个数　即 $200/(2\times10^7)=1\times10^{-5}$

3. 答：终止子是DNA上提供转录终止信号的一段序列。终止因子是协助mRNA聚合酶识别终止信号的辅助因子（蛋白质）。终止密码子又称为无义密码子，不编码任何氨基酸，决定着蛋白质合成的终止点。

4. 答：DNA样品纯度、DNA分子构型、识别序列两侧序列长短、识别序列碱基甲基化等。

5. 答：大肠杆菌的引物酶也是DNA复制所必需的一种酶。该酶由一条多肽链组成，分子质量为60kDa，每个细胞中有50～100个分子由大肠杆菌的*dnaG*基因编码。引物酶催化引物RNA分子的合成，但它和传统的RNA聚合酶不一样。①引物酶对雷米封不敏感，而RNA聚合酶则敏感；②引物酶合成RNA引物的长度是固定的，正常情况下是7～10个核苷酸，而转录中的RNA聚合酶合成mRNA的长度由DNA序列来确定；③与RNA聚合酶相比，引物酶合成引物的忠实性不太重要，其出错率可达1/30，甚至更大；④引物酶只在复制起点处合成RNA引物而引发 DNA 的复制，而 RNA 聚合酶则是启动 DNA 转录合成 RNA 从而将遗传信息由 DNA 传递到 RNA。但在单链噬菌体 M13 DNA 和质粒 ColE1 DNA 复制时，引物的合成是由 RNA 聚合酶催化的。噬菌体 T7 的 Gene4 蛋白，T4 的 Gene41 和 61 蛋白等也具有引物酶的活性和具有大肠杆菌引物酶相似的功能。

6. 答：在分子克隆的实践中，人们发现用于 PCR 的耐热 DNA 聚合酶（*Taq* 酶）具有一种非模板依赖性活性，这种活性可在 PCR 产物的 3′端加上一个非配对的脱氧腺嘌呤核苷（A）；根据这一特点研制出了一种线性质粒，其 5′端各带一个不配对的脱氧胸腺嘧啶核苷（T），采用该质粒可将 PCR 产物以 TA 连接的方式直接进行克隆，以简化酶切等克隆步骤，提高实验效率。

六、问答题

1. 答：(1) 能自我复制并能带动插入的外源基因一起复制。

(2) 具有合适的限制性内切核酸酶酶切位点。在载体上单一的限制性内切核酸酶酶切位点越多越好，这样可以将不同限制性内切核酸酶切割后的外源 DNA 片段方便地插入载体。

(3) 具有合适的筛选标记。例如，抗药性基因等。

(4) 在细胞内拷贝数要多。这样才能使外源基因得以扩增。

(5) 载体的相对分子质量要小。这样可以容纳较大的外源 DNA 插入片段。载体的相对分子质量太大将影响重组体或载体本身的转化效率。

(6) 在细胞内稳定性高。这样可以保证重组体稳定传代而不易丢失。

2. 答：某种 mRNA 的丰度越高意味着这种 mRNA 的拷贝数越多，意味着 cDNA 文库中储存该基因的概率越大，越容易被分离出来。为了有同样的概率获得不同丰度的 mRNA 的基因，需要构建的 cDNA 文库大小不同，mRNA 丰度高的，只需构建较小的 cDNA 文库；反之，则需构建较大的文库。

减小 cDNA 文库所含克隆数的措施有以下几种。

(1) 选取合适的材料，基因的表达在不同组织、不同发育期是有差异的，所以应该尽可能选取目的基因高表达，也就是 mRNA 丰度高的材料提取 mRNA 进行 cDNA 文库的构建。

(2) 提高目的基因的 mRNA 在总 mRNA 中所占的比例。如果要分离的目的基因的 mRNA 的分子大小已知，则可把最初制备的总 mRNA 进行凝胶电泳或密度梯度离心，回收与目的基因 mRNA 分子大小相近的 mRNA 分子构建 cDNA 文库；如果要分离的目的基因的 mRNA 的分子大小是未知的，可把最先制备的总 mRNA 进行凝胶电泳或密度梯度离心，按 mRNA 的分子大小分步回收。随后将各个部分分别进行体外转译，并结合使用免疫沉淀和 SDS-PAGE，鉴定出目的基因的蛋白质产物。再以此部分 mRNA 构建 cDNA 文库。

3. 答：限制性内切核酸酶识别特定的 DNA 序列，除此之外，酶蛋白还要占据识别位点两边的若干个碱基，这些碱基对限制性内切核酸酶稳定地结合到 DNA 双链并发挥切割 DNA 作用是有很大影响的，被称为保护碱基。

原理：在分子克隆实验中，有时我们会在待扩增的目的基因片段两端加上特定的酶切位点，用于后续的酶切和连接反应。由于直接暴露在末端的酶切位点不容易直接被限制性内切核酸酶切开，因此在设计 PCR 引物时，人为地在酶切位点序列的 5′端外侧添加额外的碱基序列，即保护碱基，用来提高酶切时的活性。

另外，在分子克隆实验中选择载体的酶切位点时，相邻的两个酶切位点往往不能同时使用，因为一个位点切割后留下的碱基过少以至于影响旁边的酶切位点切割。

模拟试题（3）

一、名词解释

1. 反义表达克隆载体：是指利用人工合成或重组的与靶基因互补的一段反义 DNA 或 RNA 片段，特异性地与靶基因结合，并达到封闭其表达目的的克隆载体。

2. 位点偏爱：限制性内切核酸酶的切割效率不仅与侧面序列长短有关，也与侧面序列的核苷酸组成有关，这种与侧面序列的核苷酸组成有关的现象称为位点偏爱。

3. 末端转移酶：又称为脱氧核苷酸转移酶。一种能将脱氧核苷酸三磷酸（dNTP）加到某 DNA 片段 3′-OH 上的酶。

4. 溶原周期：在噬菌体颗粒内，λDNA 以线形双链的形式存在，进入大肠杆菌细胞后，整合到染色体 DNA 上，随染色体 DNA 的复制而复制，称为溶原周期。

5. 同裂酶：一些限制性内切核酸酶虽然来源不同，但是具有相同的识别序列。这样的限制性内切核酸酶被称为同裂酶。

6. 基因组文库：某种生物的基因组的全部遗传信息通过克隆载体储存在一个受体菌的群体之中，这个群体即为这种生物的基因组文库。

7. 受体细胞：又称为宿主细胞或寄主细胞等，从实验技术上讲是能摄取外源 DNA 并使其稳定维持的细胞；从实验目的上讲是有应用价值和理论研究价值的细胞。

8. 转化率：是指 DNA 分子转化受体菌获得转化子的效率，有两种表示方式，其一是以转化子数与用于转化处理的 DNA 分子数或质量的比率表示，其二是以转化子数与用于转化处理的受体细胞数的比率表示。

9. 沉默突变：即同义突变，突变虽然替换了碱基，但氨基酸顺序未变，保持野生型的功能。

10. 报告基因：是一种编码可被检测的蛋白质或酶的基因，也就是说，是一个其表达产物非常容易被鉴定的基因。把它的编码序列和基因表达调节序列相融合形成嵌合基因，或与其他目的基因相融合，在调控序列控制下进行表达，从而利用它的表达产物来标定目的基因的表达调控，筛选得到转化体。

二、填空题

1. 位置效应；转录水平；转录后水平

2. ddNTP 在脱氧核糖的 3′位置缺少一个羟基

3. 核内单倍数染色体；基因信息

4. 负；负极；正极

5. Klenow 片段

三、判断题

1. × 2. × 3. × 4. × 5. ×

6. × 7. √ 8. × 9. × 10. ×

四、选择题

1. C 2. A 3. B 4. D 5. A

6. A 7. C 8. D 9. D 10. D

五、简答题

1. 答：①以脱氧核苷酸三磷酸（dNTP）为前体催化合成 DNA；②需要模板和引物的存在；③不能起始合成新的 DNA 链；④催化 dNTP 加到延伸中的 DNA 链的 3′-OH 端；⑤催化 DNA 合成的方向是 5′→3′。

2. 答：（1）加装人工接头。接头是一段含有某种限制性内切核酸酶识别序列的人工合成的寡聚核苷酸，通常是八聚体和十聚体。如果 DNA 分子的两端是平头末端，则将人工接头（linker）直接连接上去，然后用相应的限制性内切核酸酶切出黏性末端。若要在 DNA 分子的某一限制性内切核酸酶的识别序列处接上另一种酶的人工接头，可先用前一种酶把 DNA 切开，然后依照 5′突出末端用 Klenow 酶补平以及 3′突出末端用 T4 DNA 聚合酶切平的原则，处理 DNA 末端使之成为平头，再接上相应的人工接头。

(2) 改造识别序列。这种方法的原理是利用一种限制性内切核酸酶的识别序列改造另一种酶的识别序列，从而使前者迁移到后者的位置上。例如，任何能提供 3′G 的限制性内切核酸酶识别序列，包括其黏性末端经 Klenow 酶补平或经 T4 DNA 聚合酶切平，均可转变为 *Eco*RⅠ识别序列以及与 *Eco*RⅠ相似的其他酶的识别序列，如 *Ava*Ⅱ、*Bam*HⅠ、*Bst*EⅡ等。根据同样的原理，还可将提供 3′C、3′A 和 3′T 的限制性内切核酸酶识别序列更换成相应的其他酶识别序列。

3. 答：氨苄青霉素，含量为 50～150μg/mL；链霉素，25～50μg/mL；四环素，15～50μg/mL；氯霉素，20μg/mL；卡那霉素，25～50μg/mL。

4. 答：所谓不连续基因就是基因的编码序列在 DNA 分子上是不连续的，被非编码序列所隔开。编码序列称为外显子，是一个基因表达为多肽链的部分；非编码序列称为内含子，内含子在前 mRNA（pre-mNRA）时被剪切掉。非编码序列为基因之间的间隔序列，调节基因表达的调节序列，基因内部的间插序列以及相应于 mRNA 5′端、3′端的非翻译区。

5. 答：由图可知 DNA 的序列 5′→3′顺序为：5′ TGCGGCAACG 3′。

6. 答：一类在序列上没有相关性但有共同功能的蛋白质，它们在细胞内帮助其他含多肽的结构完成正确的组装，而且在组装完毕后与之分离，不是这些蛋白质的功能组分。蛋白质转译后的有效折叠，有多肽分子组成寡聚体结构，以及蛋白质在细胞内的正确定位等都与分子伴侣有关联。

六、问答题

1. 答：原理：基于在很窄的 pH 范围内（大概是 pH 12～12.5），线形的 DNA 会发生变性，而共价闭合环状 DNA（covalently closed circular DNA；cccDNA）不会变性。

溶液 1 中葡萄糖和 Tris-HCl 起到 pH 缓冲液的作用，而 EDTA 起到螯合金属离子的作用。溶液 2 中 SDS 能够破坏细菌的细胞壁并将胞内的蛋白质变性，NaOH 的加入使溶液 pH 达到 12.5 左右，染色体 DNA 发生变性。溶液 3 的加入使得溶液的 pH 回到中性，大量的染色体 DNA 聚集成不可溶的网状，而高浓度的 NaAc 又使得 SDS 变性的蛋白质复合物和高分子质量的 RNA 形成沉淀，经过离心作用，最终将染色体 DNA、SDS 变性的蛋白质、高分子质量的 RNA 3 种交织在一起，被沉淀下来，而质粒 DNA 仍然留在溶液中。

2. 答：DNA 连接酶是一种封闭 DNA 链上切口的酶，借助 ATP 或 NAD^+ 水解提供的能量催化 DNA 链的 5′-PO_4 与另一 DNA 链的 3′-OH 生成磷酸二酯键。但这两条链必须是与同一条互补链配对结合的（T4 DNA 连接酶除外），而且必须是两条紧邻 DNA 链才能被 DNA 连接酶催化成磷酸二酯键。

(1) 一般性质。大肠杆菌的 DNA 连接酶是一条分子质量为 75kDa 的多肽链。对胰蛋白酶敏感，可被其水解。水解后形成的小片段仍具有部分活性，可以催化酶与 NAD^+（而不是 ATP）反应形成酶-AMP 中间物，但不能继续将 AMP 转移到 DNA 上促进磷酸二酯键的形成。DNA 连接酶在大肠杆菌细胞中约有 300 个分子，与 DNA 聚合酶Ⅰ的分子数相近，这也是比较合理的现象。因为 DNA 连接酶的主要功能就是在 DNA 聚合酶Ⅰ催化聚合，填满双链 DNA 上的单链间隙后封闭 DNA 双链上的切口。这在 DNA 复制、修复和重组中起着重要的作用，连接酶有缺陷的突变株不能进行 DNA 复制、修复和重组。

噬菌体 T4 DNA 连接酶分子也是一条多肽链，分子质量为 60kDa，其活性很容易被 0.2mol/L 的 KCl 和精胺所抑制。此酶的催化过程需要 ATP 辅助。T4 DNA 连接酶可连接 DNA-DNA，DNA-RNA，RNA-RNA 以及双链 DNA 黏性末端和平头末端。另外，NH_4Cl 可以提高大肠杆菌 DNA 连接酶的催化速率，而对 T4 DNA 连接酶则无效。无论是 T4 DNA 连接酶，还是大肠杆菌 DNA 连接酶都不能催化两条游离的 DNA 链相连接。

在真核生物细胞中也存在 DNA 连接酶，并且具有两种类型，连接酶Ⅰ和Ⅱ。DNA 连接酶Ⅰ分子质量约为 200kDa，主要存在于生长旺盛细胞中，DNA 连接酶Ⅱ分子质量约为 85kDa，主要存在于生长不活跃的细胞中。两种酶反应都需要利用 ATP 作为能量。

(2) 作用机制。DNA 连接酶利用 NAD^+ 或 ATP 中的能量催化两条核酸链之间形成磷酸二酯键。

(3) 反应过程可分 3 步。

①NAD^+ 或 ATP 将其腺苷酰基转移到 DNA 连接酶的一个赖氨酸残基的 ε-氨基上形成共价的酶-腺苷酸中间物，同时释放出烟酰胺单核苷酸（NMN）或焦磷酸；②将酶-腺苷酸中间物上的腺苷酰基再转移到 DNA 的 5′-磷酸基端，形成一个焦磷酰衍生物，即 DNA-腺苷酸；③这个被激活的 5′-磷酰基端可以和 DNA 的 3′-OH 端反应合成磷酸二酯键，同时释放出 AMP。

DNA 连接酶所催化的整个过程是可逆的。酶-腺苷酸中间物可以与 NMN 或 PPi 反应生成 NDA 或 ATP 及游离酶；DNA-腺苷酸也可以和 NMN 及游离酶作用重新生成 NAD。该逆反应过程可以在 AMP 存在的情况下使共价闭环超螺旋 DNA 被连接酶催化，产生有缺口的 DNA-腺苷酸，生成松弛的闭环 DNA。

3. 答：DNA 化学降解测序法又称为 Maxam-Gilbert 测序法。其基本原理是，将待测 DNA 分子进行末端放射性标记，然后置于 4 组独立进行的化学反应体系中分别进行部分降解，其中每一组反应特异性地针对某一种碱基或某一类碱基。经过一段时间的反应后，在每组反应体系中，生成各种长度的、一端为放射性标记固定的寡核苷酸分子，经聚丙烯酰胺凝胶电泳和放射自显影检测后可以读出待测碱基的序列。

DNA 双脱氧链终止测序法，又称为 Sanger 测序法、引物合成法或酶促引物合成法。该法是以待测 DNA 为模板，在 DNA 聚合酶Ⅰ的作用下，利用适当的 DNA 合成引物进行 DNA 互补链的合成来完成 DNA 测序工作的。其基本原理是：DNA 聚合酶能够利用单链 DNA 作模板，合成对应的互补 DNA 链，但在反应中如果 2′,3′-双脱氧核糖核苷酸三磷酸底物掺入到寡核苷酸链的 3′端，DNA 链的延伸反应即被终止。在 4 个特定的反应体系中分别加入一种 ddNTP 底物（ddCTP、ddATP、ddGTP、ddTTP）以及 DNA 模板、合成引物、DNA 聚合酶Ⅰ、一定浓度的 dNTP（dCTP、dATP、dGTP、dTTP，其中一种是带有 ^{32}P 标记的），使 DNA 链的合成随机终止于某一种特定的 ddNTP。最后通过聚丙烯酰胺凝胶电泳和放射性自显影技术读出待测 DNA 的序列。

前者能够直接读出待测 DNA 的序列信息，后者获得的是待测 DNA 的互补序列的序列信息。

模拟试题（4）

一、名词解释

1. 顺式作用元件：存在于基因旁侧序列中能影响基因表达的序列，它们的作用是参与基因表达的调控，本身不编码任何蛋白质，仅仅提供一个作用位点，与反式作用因子相互作用而起作用。

2. 酵母人工染色体：利用酵母着丝粒载体所构建的大片段DNA克隆。克隆载体上含有着丝粒、端粒、可选择标志基因、自主复制等序列，可携带插入的大片段DNA（100～1000kb）在酵母细胞中有效地复制，具有真核mRNA的加工活性。

3. Northern印迹杂交：是针对RNA分子的检测，它是指将RNA分子变性及电泳分离后，从电泳凝胶转移到固相支持物上进行的核酸杂交方法。

4. 核酸分子杂交原理：具有一定同源性的两条核酸（DNA或RNA）单链在适宜的温度及离子强度等条件下，可按碱基互补配对原则高度特异地复性形成双链，该技术也可应用于重组子的筛选鉴定。

5. EST：是指基因序列中一段能特异地标记或表征基因的序列，通常它含有足够的结构信息以显示出该基因与其他基因的差异，长度一般为100～500bp。

6. RFLP：限制性片段长度多态性，RFLP是根据不同品种（个体）基因组的限制性内切核酸酶的酶切位点碱基发生突变，或酶切位点之间发生了碱基的插入、缺失，导致酶切片段大小发生变化，这种变化可以通过特定探针杂交进行检测，从而可比较不同品种（个体）的DNA水平的差异（多态性），多个探针的比较可以确立生物的进化和分类关系。

7. 同尾酶：有些限制性内切核酸酶虽然识别序列不同，但是切割DNA分子所得到的DNA片段具有相同的黏性末端，称这样的一组限制性内切核酸酶为同尾酶。

8. 限制性内切核酸酶：是一类能识别双链DNA中特殊核苷酸序列，并使每条链的一个磷酸二酯键断开的内脱氧核糖核酸酶。

9. 碱性磷酸酶（ALP或AKP）：此酶能够催化核酸分子脱掉5′磷酸基团，从而使DNA或RNA片段的5′-P端转换成5′-OH端。但它不是单一的酶，而是一组同工酶。

10. 组织特异性表达克隆载体：是指通过一些特殊的调控序列（如启动子）调控目的基因，只能在一定的组织中才能进行有效表达的克隆载体。

二、填空题

1. RF-DNA；“+”链DNA
2. DNA病毒；RNA病毒
3. pPKE2
4. 酶的催化活性；底物DNA样品
5. 进一步片段化
6. 过长；假阳性

三、判断题

1. × 2. × 3. √ 4. × 5. ×
6. √ 7. √ 8. × 9. × 10. ×

四、选择题

1. C 2. A 3. A 4. A 5. D
6. D 7. A 8. B 9. A 10. D

五、简答题

1. 答：T4噬菌体Polymerase可用于催化以下反应。DNA 5′或3′突出末端的平滑化；通过置换反应进行标记DNA探针合成；定点突变过程中第二条链的合成；不依赖于连接反应的PCR产物克隆。T4噬菌体Polymerase的分子特点：有5′→3′聚合酶活性和3′→5′外切酶活性（降解单链更快），存在dNTP时，

T4 噬菌体 Polymerase 行使 3′→5′外切酶功能，制造出 3′隐蔽端。如果只有一种 dNTP，则降解到该 dNTP 的位置。

2. 答：盒式 PCR（cassette PCR），利用 cassette（人工合成的带有适当限制性内切核酸酶的黏性末端较长的双链 DNA 分子）和 cassette 上的引物，特异性扩增目的基因组 DNA 未知区域的一种有效方法。首先用适当的限制性内切核酸酶在已知 DNA 区域没有识别位点处切割，产生含有上下游未知区域的 DNA 分子，然后用含有对应性限制性内切核酸酶位点的 cassette 进行连接。接着用 cassette 引物 1 和根据已知序列设计的特异反义引物 1 配对，cassette 引物 2 和根据已知序列设计的特异反义引物 2 配对，进行盒式 PCR 来扩增基因上游未知区。同样用根据已知区域设计的特异正义引物 1 和 cassette 引物 1 配对，根据已知区域实际的特异正义引物 2 和 cassette 引物 2 配对，进行盒式 PCR 来扩增基因下游的未知区。

3. 答：氯化铯-溴化乙锭连续梯度离心法；离子交换层析法；琼脂糖凝胶电泳洗脱法。

4. 答：限制性内切核酸酶以环状和线形的双链 DNA 为底物，在合适的反应条件下，识别一定的核苷酸序列，使两条核糖链上特定位置的磷酸二酯键断开，产生具有 3′-OH 基团和 5′-P 基团的片段。

5. 答：克隆就是任何插入载体中的 DNA 片段。它能够产生大量的 DNA 片段以供分析。探针就是一个标记了的用于杂交实验，如 Southern 印迹的 DNA 片段。

6. 答：①外源基因与表达载体一起游离于染色体外进行转录。②外源基因整合到染色体上并进行转录。③外源基因整合到染色体上并不转录，表现为基因沉默。④外源基因被宿主细胞降解。

六、问答题

1. 答：基因表达系列分析（serial analysis of gene expression，SAGE）技术。

SAGE 的原理：SAGE 的主要依据有两个。第一，一个 9～10 碱基的短核苷酸序列标签包含有足够的信息，能够唯一确认一种转录物。例如，一个 9 碱基顺序能够分辨 262 144 个不同的转录物，而人类基因组估计仅能编码 80 000 种转录物，所以理论上每一个 9 碱基标签能够代表一种转录物的特征序列。第二，如果能将 9 碱基的标签集中于一个克隆中进行测序，并将得到的短序列核苷酸顺序以连续的数据形式输入计算机中进行处理，就能对数以千计的 mRNA 转录物进行分析。

SAGE 的实验路线：

（1）以 biotinylated oligo（dT）为引物反转录合成 cDNA，以一种限制性内切核酸酶［锚定酶（anchoring enzyme，AE）］酶切。锚定酶要求至少在每一种转录物上有一个酶切位点，一般 4 碱基限制性内切核酸酶能达到这种要求，因为大多数 mRNA 要长于 256 碱基。通过链霉抗生物素蛋白珠收集 cDNA 3′端部分。对每一个 mRNA 只收集其 poly A 尾与最近的酶切位点之间的片段。

（2）将 cDNA 等分为 A 和 B 两部分，分别连接接头 A 或接头 B。每一种接头都含有标签酶（tagging enzyme，TE）酶切位点序列（标签酶是一种Ⅱ类限制性内切核酸酶，它能在距识别位点约 20 碱基的位置切割 DNA 双链）。接头的结构为引物 A/B 序列＋标签酶识别位点＋锚定酶识别位点。

（3）用标签酶酶切产生连有接头的短 cDNA 片段（9～10 碱基），混合并连接两个 cDNA 池的短 cDNA 片段，构成双标签后，以引物 A 和 B 扩增。

（4）用锚定酶切割扩增产物，抽提双标签（ditag）片段并克隆、测序。一般每一个克隆最少有 10 个标签序列，克隆的标签数为 10～50。

（5）对标签数据进行处理。

2. 答：（1）修饰酶切位点。*Hinc*Ⅱ可识别 4 个位点（GTCGAC、GTCAAC、GTTGAC 和 GTTAAC），甲基化酶 M. *Taq* Ⅰ可甲基化 TCGA 中的 A，所以 M. *Taq* Ⅰ处理 DNA 后，GTCGAC 将不受 *Hinc* Ⅱ切割。

M. *Msp* Ⅰ修饰的产物为 m5CCGG，在 *Bam*HⅠ识别位点（GGATCC）前面如果为 CC 或后面为 GG，那么经 M. *Msp* Ⅰ处理的 DNA（GGAT m5CCGG）对 *Bam*HⅠ不敏感（抵抗切割）。

构建 DNA 文库时，用 *Alu* Ⅰ（AG↓CT）和 *Hae* Ⅲ（GG↓CC）部分消化基因组 DNA 后，将得到的片段用 M. *Eco*RⅠ甲基化酶处理，然后加上合成的 *Eco*RⅠ接头，再用 *Eco*RⅠ来切割时只有接头上的位点可被切割，从而保护基因组片段。

(2) 产生新的酶切位点。通过甲基化修饰可产生新的酶切位点。*Dpn* Ⅰ是依赖甲基化的限制酶，TCGATCGA 受 M. *Taq* Ⅰ处理后形成甲基化（A）产物 TCG* ATCG* A，其中 G* ATC 即为 *Dpn* Ⅰ位点。

3. 答：主要特点有以下几点。

(1) 具有质粒复制子，进入寄主细胞后能够像质粒一样进行复制。

(2) 具有质粒载体的抗生素抗性基因的选择标记。

(3) 具有 λ 噬菌体的包装和转导特性。

(4) 容载能力大，克隆的最大片段为 45kb，最小片段为 19kb。

(5) 简化了筛选。如果载体的分子质量为 5kb 的话，得到的转导子几乎排除由载体自连的可能性，因为要被成功包装，至少要 7 个分子的载体自连，尽管如此，也是不能被包装的，因为 COS 位点太多了。

黏粒载体也有以下不足。

(1) 如果两个黏粒之间有同源序列，可能会发生重组，结果会使被克隆的片段重排或丢失。

(2) 含不同重组 DNA 片段的菌落生长速度不同，会造成同一个平板上菌落大小不一。另外由于不同大小的插入片段对宿主细胞的作用不同，会造成文库扩增量的比例失调。

(3) 包装过程复杂，包装效率不稳定，代价高。

模拟试题（5）

一、名词解释

1. 分泌性表达克隆载体：是指通过信号肽序列，将在受体细胞内表达的外源蛋白有效地分泌到细胞外，达到简化表达产物纯化过程的克隆载体。

2. 解旋酶：在 DNA 复制的时候，可以促使 DNA 在复制叉处打开双链的一类特殊的蛋白质称为解旋酶。解旋酶可以和单链 DNA 结合，并且与 ATP 结合，利用 ATP 分解成 ADP 时产生的能量沿 DNA 链向前运动促使 DNA 双链打开。

3. DNA 拓扑异构酶：DNA 在细胞内往往以超螺旋状态存在，DNA 拓扑异构酶是催化同一 DNA 分子不同超螺旋状态之间转变的酶。

4. 黏性末端：当一种限制性内切核酸酶在一个特异性的碱基序列处切断 DNA 时，就可在切口处留下几个未配对的核苷酸片段。这些片段可以通过重叠互补的突出末端形成的氢键相连，或者通过分子内反应环化。因此称这些片段具有黏性，叫做黏性末端。

5. 限制性内切核酸酶的星活性：限制性内切核酸酶的识别和酶切活性一般在一定的温度、离子强度、pH 等条件下才表现最佳切割能力和位点的专一性。如果改变反应条件就会影响酶的专一性和切割效率。不但可以切断特异性的识别位点，还可以切断非特异性的位点，这种非特异性切割称为限制性内切核酸酶的星活性。

6. CpG 岛：又叫 HpaⅡ小片段岛、HTF

岛（HpaII-ting-fragment island），在人类基因组中大多数CG位点都是高度甲基化的，但仍有少数的CG位点是低甲基化或非甲基化的，这种低甲基化或非甲基化的CG位点就是CpG岛。

7. 转座子标签法：利用转座子移位的特性，当其插入某一基因或其关键调控基因的编码区时，会使该基因突变或失活，这样相当于给目的基因标记了序列已知的转座子标签。构建由于转座子插入引起的纯合突变株的基因组文库，以该转座子的特异性序列为探针从中筛选包含目的基因的阳性克隆，再以阳性克隆中转座子序列两侧的目的基因片段为探针，从野生型的基因组文库中筛选完整的目的基因。

8. 菌落原位杂交：直接把菌落或噬菌斑印迹转移到硝酸纤维素滤膜上，不必进行核酸分离纯化、限制性内切核酸酶酶解及凝胶电泳分离等操作，而是经溶菌及变性处理后使DNA暴露出来并与滤膜原位结合，再与特异性DNA或RNA探针杂交，筛选出含有插入序列的菌落或噬菌斑。

9. 分泌性外源蛋白：外源基因的表达产物以分泌型蛋白的形式穿过细胞的外膜。

10. λ噬菌体体外包装：是指在体外模拟λ噬菌体DNA分子在受体细胞内发生的一系列特殊的包装反应过程，将重组λ噬菌体DNA分子包装成为成熟的具有感染能力的λ噬菌体颗粒的技术。

二、填空题

1. 线形DNA；开环DNA
2. 环状双链的DNA分子
3. RNase
4. 启动子；操纵子；结构基因
5. DNA聚合酶；PCR引物；dNTP

三、判断题

1. × 2. × 3. √ 4. × 5. √
6. × 7. × 8. √ 9. × 10. ×

四、选择题

1. D 2. D 3. C 4. C 5. A
6. A 7. D 8. D 9. B 10. D

五、简答题

1. 答：根据病毒与宿主的关系，可以把病毒分为温和性病毒和烈性病毒。某种病毒感染宿主细胞后，其DNA与宿主染色体DNA整合，一起复制和传代，无感染其他细胞的能力，这样的病毒称为温和性病毒；有些病毒感染宿主细胞后，其DNA不插入宿主染色体DNA，经过一定时间的潜伏期，就大量增殖新的病毒颗粒，使宿主细胞破裂，释放出的病毒颗粒能感染其他细胞，这样的病毒称为烈性病毒。它们的主要区别在于是否与宿主DNA进行整合和有无感染能力。

2. 答：氯化镁或乙酸镁、氯化钠或乙酸钾、二硫苏糖醇（DTT）或β-巯基乙醇，Tris-HCl或Tris-Ac。

3. 答：目的标签法（targeted tagging）：首先将功能性转座子导入要分离目的基因的显性纯合体中，然后与隐性纯合体杂交，子代中出现3种表型：一种是与亲本一致的显性表型，另外两种是由于转座子插入引起的突变表型或隐性表型。其中突变表型的子代是我们所要研究的对象，将其自交获得突变纯合体。构建突变纯合体文库后进行筛选。

非目的标签法（non-targeted tagging）：首先将功能性转座子导入要分离目的基因的隐性纯合体中，然后与显性纯合体杂交，子一代自交产生子二代，在子二代中筛选表型突变的植株，利用子二代的突变纯合体构建基因组文库进行筛选。

4. 答：R环检测法是一种用于鉴定双链DNA分子中含有特定RNA分子区段的方法。在邻近双链DNA变形温度下和高浓度的70%甲醛胺溶液中，双链的DNA-RNA分子要比双链的DNA-DNA分子更加稳定，因此，特异的RNA探针与待测双链DNA分子的混合物置于复性条件下，如果RNA探针与双链DNA具有同源互补序列，则RNA便会取代双链DNA分子的一条单链而与另一条DNA单链中的同源互补序列复性形成稳定的DNA-RNA杂交分子，而被取代的DNA链则处于单链状态。

5. 答：限制性片段长度多态性（RFLP），是指个体之间DNA限制性片段长度的差异。例如，某种DNA序列中的某个碱基发生了突变，使突变所在部位的DNA序列产生（或缺失）某种限制性内切核酸酶的酶切位点。这样，利用该限制性内切核酸酶消化此DNA时，便会产生与正常不同的限制性片段。这样，在同种生物的不同个体中会出现不同长度的限制性片段类型，即限制性片段长度多态性。

6. 答：鸟枪法是将基因组按照染色体分开后，将其打乱，切成碎片，进行随机测序，测序后再将其拼接起来。鸟枪法除了可以进行目的基因的克隆，还能用于各种生物细胞的基因，甚至全基因组进行测序。它的优点是速度快、简单易行，成本较低，并能获得与天然基因组DNA一样的含有内含子及转录调控序列的DNA片段。这样获得的目的基因可供研究和分析基因表达调控；由于内含子的存在，因此不适合在原核宿主中表达。它的缺点是难以补平随机打碎片段所产生的缺口。由于目的基因在整个基因组中的含量太少，“命中”某个基因是有一定的概率的。此外鸟枪法获得基因的专一性较差。

六、问答题

1. 答：PCR反应是模仿细胞内发生的DNA复制过程，在体外由酶催化合成特异性DNA片段。这种方法以DNA互补链聚合反应为基础，通过DNA变性，引物与模板DNA一侧的互补序列复性杂交（退火），耐热性DNA聚合酶催化引物延伸等过程的多次循环，获得待扩增片段。

一般反应过程如下。

（1）反应系统加热至90～95℃，底物双链DNA变性成为两条单链DNA，作为互补链聚合反应的模板。

（2）降温至37～60℃，使两种引物分别与模板DNA链的3′端一侧的互补序列杂交（退火）。

（3）升温至70～75℃，耐热性DNA聚合酶催化引物按5′→3′方向延伸，合成模板DNA链的互补链。

重复以上过程，经过3次循环，就出现待扩增的特异性DNA片段，由于上一次循环合成的两条互补链均可作为下一次循环的模板DNA链，所以每循环一次，底物DNA的拷贝数增加1倍。因此PCR经过n次循环后，待扩增的特异性DNA片段基本上达到2^n个拷贝。

采用不同的PCR扩增系统，扩增的DNA片段长度可从几百bp到数万bp。

2. 答：（1）大肠杆菌3种DNA聚合酶polⅠ、polⅡ和polⅢ的功能，见下表。

功能	pol Ⅰ	pol Ⅱ	pol Ⅲ
5′→3′聚合作用	＋	＋	＋
3′→5′外切酶活性	＋	＋	＋
5′→3′外切酶活性	＋	—	＋
焦磷酸解和焦磷酸交换作用	＋	—	＋
作用	修复合成 去除引物 填补空隙 校对	不详	复制 校对

续表

功能	pol Ⅰ	pol Ⅱ	pol Ⅲ
模板及引物的选择			
完整的DNA双链	—	—	—
带引物的长单链DNA	+	—	—
带缺口的双链DNA	+	—	—
双链而有大段间隔的DNA	+	+	+
一般性质			
分子质量	109kDa	120kDa	140kDa
每个细胞中的分子数	400	17～100	10～20
结构基因	polA	polB	polC
体外链延长速度（核苷酸/min）	600	30	9000
对dNTP亲和力	低	低	高

（2）真核生物DNA聚合酶有α、β、γ、δ及ε。它们的基本特性相似于大肠杆菌DNA聚合酶，其主要活性是催化dNTP的5′→3′聚合活性，基本特征见下表。

特征	α	β	γ	δ	ε
亚基数	4	4	4	2	5
分子质量/kDa	＞250	36～38	160～300	170	256
细胞内定位	核	核	线粒体	核	核
5′→3′聚合酶活性	+	+	+	+	+
3′→5′外切酶活性	—	—	—	—	—
功能	复制、引发	修复	复制	复制	复制

真核细胞在DNA复制中起主要作用的是DNA pol α，主要负责染色体DNA的复制。DNA pol β的模板特异性是具有缺口的DNA分子，被认为它与DNA修复有关。DNA pol γ在线粒体DNA的复制中起作用。DNA pol δ不但有5′→3′聚合酶活性，而且还具有3′→5′外切酶活性，普遍认为真核生物DNA复制是在DNA pol α和DNA pol δ协同作用下进行的，前导链的合成需要DNA pol δ催化，并且还需要一种细胞周期调节因子参与。而随从链的合成需要DNA pol α和引发酶配合作用完成。

3. 答：①启动子，启动子－35区和－10区序列与通用转录序列一致，间距为17bp。②表达载体，载体分子质量不宜过大，以2.5～5.6kb为佳。③细菌中基因表达对密码子有偏爱性，不偏爱的稀有密码子表达效果差。④起始密码子的表达效率AUG＞GUG＞UUG；SD序列较长的效率高；SD序列与AUG间距一般6～12bp，4～10bp较佳，9bp最佳；SD序列的5′非翻译区，若有5′-UGAUCU，则有增强作用。⑤mRNA的二级结构，mRNA形成二级结构时，可产生茎环。若SD序列、AUG位于茎环内或发夹内，翻译受抑制；在茎环外则有利于翻译。⑥mRNA稳定性，REP序列可阻止mRNA降解。